建筑工程施工质量验收统一标准理解与应用

（第二版）

徐有邻　巩耀娜　编著

中国建筑工业出版社

图书在版编目（CIP）数据

建筑工程施工质量验收统一标准理解与应用/徐有邻，巩耀娜编著. —2版. —北京：中国建筑工业出版社，2015.7

ISBN 978-7-112-18115-5

Ⅰ.①建… Ⅱ.①徐… ②巩… Ⅲ.①建筑工程—工程验收—质量标准—基本知识—中国 Ⅳ.①TU711

中国版本图书馆CIP数据核字（2015）第098007号

建筑工程施工质量验收统一标准理解与应用

（第二版）

徐有邻　巩耀娜　编著

*

中国建筑工业出版社出版、发行（北京西郊百万庄）

各地新华书店、建筑书店经销

北京永峥印刷有限公司制版

北京同文印刷有限责任公司印刷

*

开本：850×1168毫米　1/32　印张：7¾　字数：207千字

2015年8月第二版　2015年8月第三次印刷

定价：**26.00**元

ISBN 978-7-112-18115-5

（27333）

我国新修订的《建筑工程施工质量验收统一标准》GB 50300—2013已于2014年6月1日起实施。为便于广大技术人员更好地理解该标准，作者将2003年出版的《建筑工程施工质量验收统一标准理解与应用》进行了再版，除了详细介绍统一标准中各章条文以外，还着重介绍了施工规范的基本概念、施工规范的改革、统一标准的概念、施工验收的其他问题以及施工标准规范发展展望。

本书可供建设、监理、施工、设计单位的有关技术人员及管理人员学习与参考。

责任编辑：王　梅　李天虹
责任设计：董建平
责任校对：李欣慰　关　健

前　　言

21 世纪初，随着改革开放和市场经济的发展，在我国加入世界贸易组织（WTO）的前夕，为适应建筑市场对外开放以后，提高我国建筑业的水平和竞争能力，在住房和城乡建设部的领导下，进行了我国工程建设标准规范体制的改革。改革的目标如下：

通过“工程建设标准强制性条文”过渡到由立法程序建立，政府控制的“技术法规”，保证建筑的安全、环保、公益、健康和秩序的根本性要求。

技术标准规范非强制性转换而成为推荐性质，成为由科技学会或行业协会管理的技术文件。使用者自愿采用并自负其责，并通过合同、协议起约束作用。

整顿现行的标准规范状态，合并、裁撤掉繁琐、重复的冗余标准规范，根据技术发展方向及时增补必要的标准规范，建立起精简、高效的系列标准规范。

在基本建设各专业标准规范的基础上，通过协调、改造，建立覆盖整个土木工程范围（建筑、水工、铁道、交通、人防……）的统一的标准规范体系。促进基本建设大市场的形成。

对施工类标准规范进行改造，由内部控制质量的自我约束型转变为由有关各方共同确认的验收型，借助市场的力量保证工程质量，并提高企业的素质和竞争能力，参与国际市场的竞争。

标准规范体制改革的最初成果有两个：“工程建设标准强制性条文”和“施工标准规范的改革”。对于前者作者已另文专述不再重复。本书专门阐述施工标准规范改革的有关问题。

“文化大革命”以后，汲取以前“解放思想”、“敢想敢干”

造成严重后果的教训，按照“有法可依”的原则编制施工类的标准规范。这些强制性的标准规范以“行政强制”和“技术包干”为特征，意图控制施工中的所有行为，以保证工程质量。这对于结束“文革”时期“无法无天”的混乱状态，加强对于施工质量的控制，有积极意义。但是，随着改革开放和市场经济的发展，这种“自我束缚”的方式已经很难适应加入世界贸易组织（WTO）以后，对外开放和建筑市场竞争的新形势了。

长期以来，我们习惯于用行政手段解决技术问题。传统标准规范的管理比较死板，要求过于繁琐，限制了建筑企业和从业人员的积极性和创新意识，不利于我国建筑业参与市场竞争。工程建设标准规范体制的改革的目的，就是为了解除这种束缚，充分调动积极性和创新精神，提高行业素质，促进技术进步，适应市场竞争，获得新的发展。

考察国外的施工类标准规范，其特别重视在市场经济条件下有关各方对于施工质量的“验收”。而对于施工中的行为，则多由施工单位通过“企业标准”自行解决，甚至有些国家没有真正意义上的施工规范。这种通过市场机制，采用商业手段来保证工程质量的模式，事实证明是十分有效的。这种做法的另一个好处是解除了对企业和人员的束缚，有利于创新发展和技术进步，有利于提高素质和竞争能力，值得我国借鉴。

为此，有关领导部门对施工类标准规范适时提出了“验评分离、强化验收、完善手段、过程控制”的改革方针，力求将原来“技术管理型”的《施工验收规范》和《检验评定标准》改造成为“质量验收型”的《施工质量验收规范》。通过强化外部力量的“验收”，以适应建筑市场开放以后面临的竞争，并保证施工质量。当然在“强化验收”的同时，还需要继续编制《施工规范》以解决施工企业的施工管理、工艺技术、质量评定等问题，以落实施工企业内部质量控制和技术素质的提高。

《建筑工程施工质量验收统一标准》GB 50300 本身是一本指导性的标准，除了单位工程的竣工验收具有实在的可执行意义以外，真正的可操作的内容并不多。其主要作用是配合工程建设标准规范体制改革，落实强化《施工质量验收规范》的要求。在对施工标准规范改革的过程中，指导各专业《施工质量验收规范》的编制；统一各专业施工质量验收的模式；协调各验收层次的关系。使我国的建设工程的施工控制和质量验收纳入严谨、有序的轨道。

作者参与了初版《建筑工程施工质量验收统一标准》GB 50300—2001的编制。随后在《统一标准》所确定原则的指导下，按统一的模式主编了《混凝土结构施工质量验收规范》GB 50204—2002。像这样的专业标准规范共有14本，《统一标准》在其中真正起到了“验评分离、强化验收”的主导作用。

在初版《建筑工程施工质量验收统一标准》GB 50300—2001公布以后，作者也曾参加各种宣讲活动。在此过程中，根据读者的要求，撰写了对《统一标准》理解和应用的学习辅导材料。后来这些材料改写为《建筑工程施工质量验收统一标准理解与应用》一书，由中国建筑工业出版社于2003年出版、发行。

现在十年过去了，我国建设工程有了很大的发展。《统一标准》指导下各专业的《施工质量验收规范》逐渐成熟；根据“验评分离”原则而另行编制的配套《施工规范》也陆续完成。我国施工类标准规范的改革体制已经基本形成。同时《统一标准》根据我国建筑工程施工的实际情况，在改进、完善施工质量验收模式，提高抽样检验的科学性，合理简化检验方法等方面，也都有了新的发展。积累这些成果，2013年版的《建筑工程施工质量验收统一标准》GB 50300—2013已经公布实施。

现在，根据情况变化改写了原著，撰写《建筑工程施工质量验收统一标准理解与应用》的第二版，仍由中国建筑工业出版社出版发行。本书的第二版具有以下特点：

（1）以施工类标准规范的基本常识和标准规范体制改革作为本书的开篇。因为我国施工类标准规范的改革，是整个标准规范体制改革中的一个环节。了解这些标准规范的基本常识和体制改革的背景，对于深入理解《统一标准》和在施工实践中正确应用，会有很大的帮助。

（2）仍按《统一标准》内容的顺序，依次介绍一般建筑工程质量验收的基本规定：检验原则、验收层次、合格条件、验收程序和组织实施等。具体到每一本专业施工验收规范，都有适合本身的逻辑表达方式。但是根据上述《统一标准》要求，统一指导各专业验收规范修订，确定最终单位工程竣工验收的方法。这样的逻辑比较容易为读者所接受。

（3）《统一标准》必须与具体执行的各专业《施工质量验收规范》结合起来学习。因为统一标准是指导性的标准，原则性规定的篇幅很少，不过10页，本身也并没有多少具体的可执行性，比较空洞和抽象，不容易为一般读者所理解。只有结合专业施工质量验收规范阐述，才有可能形成比较形象、具体的概念。本书以结构类的验收规范为例介绍、解释，这是作者熟悉并参与编制的部分。

（4）单位工程的竣工验收是《统一标准》中唯一可执行性比较强的部分，而且作为建筑工程质量把关的最后一个验收层次，囊括了各专业范畴并覆盖了整个施工全过程，还涉及很多参与建设单位之间的关系。《统一标准》对此作出了详细规定。应该认真学习并能够正确执行。

（5）修订后的《统一标准》对于检验方法，增加一些新内容，包括改进抽样检验模式的有关规定。对于这部分内容的概率统计学理论背景，由于涉及比较艰深的数学原理，只作一般性介绍而不再展开作详细阐述。读者只需知道具体应用的方法就可以了。

（6）在我国，传统建筑业是劳动密集型行业，施工类标准规范以“控制行为”为主，基本是经验性的。现在条件已经变化，建筑业正向技术密集型行业转化，质量控制和检查验收也应更多地考虑概率统计原理而实现定量科学化。本书对今后施工类标准规范的发展作出了展望，并介绍了多年以来工程界在这方面所作出的努力。

本书的主要部分由徐有邻执笔，巩耀娜全文校核并进行了文字、插图、表格的整理、校改。由于本书是在一年时间内抽空断断续续撰写而成的。文字难免粗疏、重复，望读者见谅。

中国建筑工业出版社王梅编辑对本书的编辑出版给予很大的支持并付出了辛勤的劳动，在此一并表示感谢。

徐有邻

2014 年 12 月

目　　录

1　施工规范的基本概念

1.1　基本建设及施工

1.1.1　基本建设的发展

1. 早期的建设活动

人类最早的基本建设仅仅是为了遮蔽风雨、抵御寒暑，改善居住条件而建造房屋。当时的基本建设活动非常简单，大概也就是“地窝子”、“茅草棚”或“干打垒”之类的简易居所。由于这种基建活动比较简单，因此也没有什么明确的分工和建造程序。但是，随着文明进步和生产发展，基本建设也呈现复杂和多样化的趋势。除了房屋建筑以外，还要进行建造城池、修筑道路、架设桥梁、开挖沟渠等其他的土木工程设施建造活动，这些活动都可以称为基本建设。但是，本书主要讨论的仍是以房屋为主的建筑活动。

2. 建筑的基本功能

人类早期建筑的目的仅仅是为了拥有一个隔绝自然的封闭空间，能够遮蔽风雨，作为栖身之所的房屋而已。但是对房屋建筑最基本的要求起码有三个：坚固、舒适、耐用。其中占第一位的是安全性问题，房屋结构作为建筑的载体，明显裂缝、倾斜、过大变形等不安全感以及房屋倒塌造成的生命、财产损失，始终是房屋建筑应该避免的首要问题。第二位的是使用功能的问题，因为建造房屋的目的就是为了“使用”，而各种用途对房屋提出了不同的功能要求，作为建筑都必须予以满足。第三位的则是耐久性问题，即长久使用的要求，作为可持续发展的条件，现在越来越受到了重视。

3. 建筑功能的发展

随着社会发展，生活水平提高和生产活动趋于复杂，对房屋功能的要求也随之增加。除满足上述房屋的基本要求以外，为了生活起居、工作条件、大方美观、出入便利、经久耐用、抗御灾害等要求，还增加了许多新的功能。例如，厨房、厕浴的上下水和燃气；环境舒适的供暖、通风；进出方便的电梯；防御火灾的消防设施等。这些属于房屋辅助功能的要求，现在已经普及到所有的建筑，成为房屋建筑必须考虑的基本要求了。

4. 建筑的特殊功能

社会生活和生产发展向建筑提出了越来越复杂的多元化要求，引起了对建筑多样性特殊功能的要求。例如，教室、会场的宽敞、采光和通风；工业厂房的起重、运输能力；油库、水池的抗渗性能；精密车间的高洁净和防微振控制；房屋建筑在天灾人祸偶然作用下的防灾性能；重要建筑设施的防震、抗爆能力……总之，房屋建筑在满足一般安全和使用功能的情况下，许多特殊的功能也对建筑提出了各种不同的要求。

1.1.2 基本建设的分工

1. 建设活动的分工

早期的建设活动比较简单，往往由很少几个人就能够完成。后来，由于基本建设的规模变大，工程量也大大增加了；而且随着建筑功能的发展，建筑的复杂程度和难度也越来越大了。这些工作不可能单独依靠少数人就能够完成，因此就出现了分工的需要。有些主要从事筹划、构想；有些则主要从事建造、监督；当然完成以后还需要有人维护、管理；最终还需要通过修理而长期使用。这些工作从简单向复杂逐渐发展，就变成了后来不同的专业分工：规划、设计、施工、验收、物业、检测、加固……

2. 建设活动的阶段

综上所述，建筑工程是由各种不同专业协调努力、互相配合，经过不同阶段的共同工作而完成的。一般工程建设活动都经历三个基本阶段：设计、施工、维护，将来建筑业发展还会增加既有建筑“再建设”的阶段。各阶段建设活动的主要内容如下：

设计阶段：这是根据建筑功能和具体条件，确定方案的规划、勘察、设计工作。

施工阶段：根据设计要求实施营建，将“设想”变成“现实”的建造、验收过程。

维护阶段：为在使用时间内，维持建筑使用功能而进行的管理和检测、修缮活动。

再建设阶段：既有建筑延长年限，改进功能而检测、复核、再设计、再建造的活动。

图 1-1 表达了工程建设的一般过程。由图看出不同阶段工程建设的主要内容。只有经过这些不同阶段的系统工作，建设活动才能有序地进行，完成工程建设项目的最终目标。其中，以建造、验收为主要内容的“施工阶段”是所有工程建设中不可或缺的重要阶段。

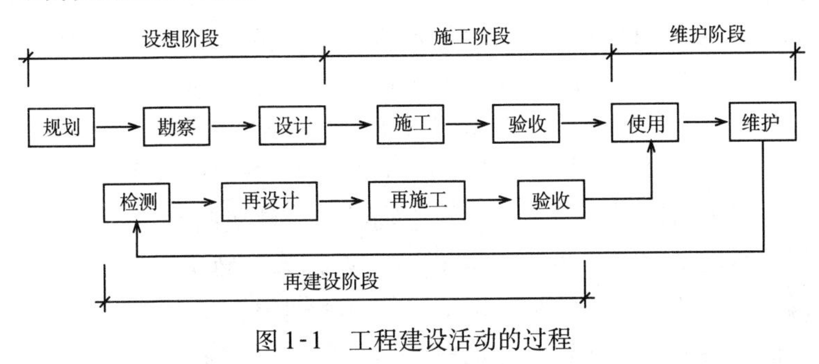

图 1-1　工程建设活动的过程

1.1.3　施工阶段的作用

1. 施工的作用

从图 1-1 可以看出“施工阶段”在建设活动中的地位。施工阶段的作用就是为了将设计阶段虚拟设想的蓝图，变成具有确定功能的现实建筑物，因此施工是基本建设中实质性的重要阶段。基本建设所耗费的材料、时间、人力等，绝大多数都是在施工阶段完成的，因此施工在基本建设的成本中占有很大的比例。而且由于建筑使用功能的多样性和复杂化，施工活动还涉及很多其他的行业，并提出了相应的需求。由于施工阶段的这些特点，建筑业也就成为拉动国民经济发展的主要支柱产业。

2. 施工的主要内容

从图 1-1 还可以看出“施工阶段”需要进行两方面的活动：一方面是建造工程活动过程的本身；另一方面是对建筑工程质量的控制。这两部分工作的内容虽有关联，但侧重却有所不同，可以分别称为“建造”和“验收”。“建造”有时也直接称为“施工”，而“验收”则在市场经济条件下有其特点和相对独立性，应该提出专门的要求。

3. 施工验收的意义

基本建设的最终目的：是使建筑工程在保证安全条件下的长期使用功能。对于经济技术不发达的早期建筑，由于建筑功能相对比较简单，在建造过程中作一般性控制就可以了。在我国的计划经济时期，由于参与基本建设的各个方面都属于全民所有制的“国家”，在彼此一家的“大锅饭”局面下，责任、权利、利益的划分并不严格，对建筑工程质量要求的意识也并不强烈。但是在改革开放深入进行的现在，情况就大不相同了。

在市场经济条件下，建筑市场开放，建筑物成为商品。参与基本建设的各个方面（建设方、设计方、施工方……）责、权、利的划分十分清楚。每个单位从不同角度都会对工程质量的目标提出自己的要求，这些要求可能形成差别，因此对于是否达到“施工质量”的要求，就必须有更加明确的方法。确定质量目标，通过各方面都参加的检查，共同确认工程项目合格与否——这就是“验收”的真正意义。而我国近年施工标准规范改革的最大变化，就在于对“验收”的强调和重视，以至于需要将其从“施工”中分离出来，成为专门编制的标准规范。而“验收”也就成为本书要讨论的重点问题了。

1.2 施工标准规范的基本概念

1.2.1 建筑施工的复杂性

1. 各种专业施工的穿插

就传统建筑工程的施工而言，涉及了很多不同性质的工序和工种。地基基础的处理，主体结构的建造，围护构件的布置，装修工程的实施，使用设备的安装……这些施工活动必须有条不紊地按次序进行，有时还必须考虑各个工序的交叉和重叠。同时施工过程还涉及木工、钢筋工、瓦工等工种的穿插作业，必须作出合理的安排。因此整个施工建造过程是比较复杂的。

早期建造房屋的功能非常简单，而现在房屋建筑的功能大大地扩展了。除了一般的居住、工作条件以外，还必须有给水、排水、空调、供暖、照明、通信、交通等要求。因此，水、暖、电等不同的专业也加入了建筑施工的行列，交错插入传统土木工程的施工过程中，使施工的过程更趋复杂化。

2. 当代施工是复杂的系统工程

建造建筑物的施工，是一个综合性很强的复杂过程。其需要不同的工种：木工、钢筋工、混凝土工、管道工、电工等；涉及很多不同的专业：勘察、设计、材料、设备、检测等；还需要经历很长的时间：最短几个月，长的需要几年或几十年。这就使建筑施工的内容已经远远超越了传统单纯“盖房屋”的范畴，成为与很多不同专业有关的综合性活动。

人类文明发展到现代，当代建筑的功能更是复杂到过去很难想象的地步。除了上述许多复杂的功能以外，往往还会提出很多更为特殊的功能要求。例如，具有保温隔热、恒温恒湿、声学质量、高度洁净、防震抗爆、辐射屏蔽等特殊功能的建筑。

这些非常规建筑的设计就非常复杂，而实现设计要求的施工过程，就更是极其复杂的系统工程了。

1.2.2 施工规范的作用

1. 协调施工活动的需要

（1）施工过程的工序组织

建筑施工必须经历许多不同性质的工序，涉及不同工种的穿插。如果不按规定的程序施工作业，往往影响工程质量，轻则需要返工重做，重则引起质量事故。因此，施工过程必须进行有条不紊的工序组织，才能有序、高效地进行施工活动。

（2）各个专业施工的穿插

由于现代建筑的使用功能越来越复杂，涉及的专业也越来越多。除了建筑工程和水、暖、电这些传统的专业以外，在施工过程中还往往插入很多其他专业的工作，例如各种设备的安装，工程质量的检测等。这么多各种专业的施工，交叉插入常规的建筑施工程序中，必须有很好的组织、协调。否则就可能造成施工现场混乱，影响工程质量。

（3）施工与验收的安排

为了保证施工质量达到设计的要求，施工过程中还必须进行对重要、关键工程质量的检查和验收。由于前期施工对后续工程质量的影响，检查、验收结果的处理还可能影响正常施工的进程。因此，在施工过程中，工序组织、专业协调和检测验收这三方面应该综合协调考虑，作出合理的安排。

2. 施工规范的作用

（1）标准规范的作用

人们为了进行各种生产活动，需要互相配合和协调。为取得最佳秩序和提高工作效率，就必须统一规定某些共同遵守的行为规则。这些规则就是“标准规范”；而组织和编制的相应活动就称为“标准化”工作。我国的古语称：“没有规矩就不成方圆。”到了近代，这种规矩往往具有科学技术的背景，这就形成了现代意义上的“标准规范”。

（2）施工标准规范的作用

建设工程是非常复杂的系统工程，需要组织不同工种的有序操作，协调不同专业的交叉配合，还必须随时检查工程的施工质量，以保证建筑的安全和使用功能。因此，就更需要施工的标准规范来协调有关各方的行为，以保证施工过程有条不紊地进行，并能够有效地控制工程质量，以达到设计要求的目标。因此自从有建筑工程起，就存在实际意义上的施工标准规范，而且还成为建设工程标准规范中比较重要的部分。

1.2.3 施工规范的类型

根据在施工过程中所起作用的不同，施工类标准规范大体有以下几种类型。

1. 施工技术管理

建筑施工过程是包括结构建造、建筑装修、设备安装等多专业、多工种、多工序的复杂活动。对于方案规划、工艺技术、质量控制、评定考核等诸多问题，都应该从技术的角度，对施工中的这些行为采用规范的形式做出规定。在国外，这部分工作完全由“企业标准”解决。在我国随着建筑企业素质提高和技术发展，越来越多的企业将通过自己的“企业标准”反映自己的技术优势，从而成为参与市场竞争的无形资产。而目前，则统一由国家组织编制，反映为“施工技术规范”，或直接称为《施工规范》。

2. 工程质量验收

施工活动的最终目的是满足建筑的安全和使用功能，因此对工程质量提出了明确的要求。在计划经济时代，由于建设方和施工方都属于全民所有制的国家，在政企不分，彼此一家的情况下，工程质量的意识并不强烈。但是在市场经济条件下，情况就大不相同了，参与建设有关各方（建设、施工、设计、勘察……）责、权、利的划分是非常清楚的。

而建筑成为商品以后，也只有“合格”的质量才能实现其市场价值。因此对于施工质量的要求，不再只是施工单位内部对施工过程中行为的控制；重点转为有关各方对工程质量合格与否的共同确认，这就是“验收”。在市场经济条件下，利用《验收规范》的外部制约作用，就成为保证工程质量的重要手段。施工类标准规范体制改革与《施工质量验收统一标准》的编制，都与此有关。

3. 施工管理协调

除了施工单位内部的管理以外，还存在施工单位与建筑工程有关各单位之间协调、配合关系的管理问题。例如，在施工过程中施工与建设、监理、勘察、设计等单位在工程质量、进度控制、成本造价等各方面的关系，也需要通过相关的标准规范加以协调。例如《建设工程监理规范》等。

4. 材料配件标准

施工活动实际是施工单位将各种原材料、构配件和设备按照设计的要求，建造成为完整建筑物的过程。对施工单位而言，这些材料、构配件和设备都是外购其他企业的产品，但是对建筑工程的施工质量却有很大的影响。因此必须对这些材料、配件的质量提出要求。为此专门编制有相应的原材料标准、构配件标准和设备的《产品标准》。并在其进入施工现场时，进行相应的检查、验收，以保证工程质量。

5. 检测技术

传统施工规范的缺陷是定性判断的检查太多，受到人为主观因素的影响而不容易客观和科学。“强化验收”落实为“完善手段”，就是要增加检查的定量性和科学性质，公正、客观地反映真正的工程质量。随着科技进步，近年检测技术迅速发展。为此制定了许多《检测技术规程》，为在施工过程中的质量控制和工程验收提供了有力的保障。

综上所述，建筑工程的施工需要很多本标准规范的互相配合，因此施工标准规范是基本建设标准规范体系中，数量最庞大的部分。当然，其中最主要的是《施工规范》和《质量验收规范》，而《统一标准》就是与此有关的一本重要的指导性标准。

1.3 施工标准规范的发展

1.3.1 早期的施工标准规范

1. 古代建筑的施工控制

人类从开始建造的房屋和进行其他形式的基本建设，便通过工程实践确定了指导施工活动的一些“规矩”，例如《营造法式》等。这些规矩往往只是感性的经验性认识，但也起到了控制施工的作用，这就是实际意义上《施工规范》的雏形。在这些古代施工规范的指导下，我们的祖先也建造了许多伟大的工程。其中有些留存至今，其精致、复杂的程度仍使现代人叹为观止。

2. 早期建筑的施工规范

真正意义上的《施工规范》出现在近代西方的工业革命以后。生产发展，建设规模扩大而且复杂化，促使建立在科学技术基础上的《施工规范》出现，并且随着科技进步不断发展，日趋完善。发达国家的基本建设标准规范已有百年以上的历史，并形成了完整的体系，并且成功地指导了这些国家的建筑业发展。

3. 我国早期建筑的施工控制

我国在19世纪后期，随着列强入侵和洋务运动，在租界和沿海、沿江经济发达地区也建造了一些近代意义上的建筑。这些建筑都是根据国外的规范设计，而由中国工人按照相应的外国施工规范建造的。由于设计具有比较大的安全储备，并且得到认真的施工控制，这些建筑工程质量上乘。其中许多使用百年以上仍完好无损，并且还将继续使用下去。这种情况一直维持到20世纪中期。

1.3.2 施工标准规范的早期建设

1. 学习模仿阶段

新中国成立以后，我国开始了大规模的经济建设，基本建设规模扩大而迫切需要自己的标准规范。由于与西方国家交恶而向苏联“一边倒”，在基本建设中完全接受了原苏联的技术系统。通过学习、模仿，完全执行了原苏联的基本建设标准规范体制，包括施工质量控制的标准规范。整个20世纪50年代我国基本建设活动都受到这种体制的指导。

2. 改造编制阶段

20世纪60年代初，中苏关系交恶而基本断绝了技术交往。我国开始自主编制自己的标准规范。在消化、吸收苏联标准规范的基础上，根据我国的具体情况和积累的工程实践经验，也陆续编制了一些基本建设的标准规范，包括施工类的标准规范。例如：

《建筑安装工程质量检验评定标准》GBJ 22—66

《混凝土结构施工验收规范》GBJ 204—66

《建筑地基基础施工验收规范》GBJ 202—64

……

这些标准规范解决了我国当时基本建设施工中的迫切问题，但是数量很少。由于缺乏科学研究的基础，系统的工程实践积累也比较薄弱，因此编制的质量不太高。基本也就是在苏联标准规范的基础上作了一些改进和完善，本质上并没有很大的变化。

3. 社会动荡的干扰

但是即使是这样的标准规范，也并没有发挥其应有的作用。20世纪50年代末的“大跃进”，“破除迷信”和“敢想敢干”冲击了施工标准规范的正常执行。而60年代中开始的十年“文化大革命”更是对生产力产生巨大破坏。当时的施工标准规范被指认为“资产阶级法权残余”和“资产阶级知识分子向无产阶级专政的工具”而受到彻底批判。因此，由于缺乏标准规范的制约而使施工处于失控状态，这两个时期的工程质量比较差，留下了很多隐患。在以后的使用期中不断暴露出功能性的问题，甚至在天灾人祸的偶然作用下还引起房倒屋塌，造成了生命、财产的巨大损失。汶川地震的惨重损失，就是早期建筑质量失控留下隐患的后果，这种沉痛的教训必须深刻吸取。

1.3.3 施工标准规范体系的建设

1. 建设标准规范体系的原则

20 世纪 70 年代末“文化大革命”结束以后，汲取历史的教训，开始认真考虑建立我国基本建设标准规范的问题。鉴于基本建设中各种行为失控而造成巨大损失的教训，当时编制标准规范的基本原则是“有法可依”，即基建中的所有行为都必须受到标准规范的制约，以避免以前“无法无天”的混乱状态。为此目的，当时估计总共需要各种标准规范约 3500 本，而其中规范施工中各种行为的施工标准规范，占有很大的比例。

2. 施工标准规范的建设

“文化大革命”以后摆脱了各种政治运动的干扰，基本建设开始走入正轨。经过大概一代人的努力，通过我国领导、专家、学者和标准工作者的持续努力，上述的既定目标基本完成，并形成了具有中国特色的标准规范体系。

在这个体系中，施工类的标准规范占有很大的比例。这是因为当时编制标准规范的主要目的是结束混乱状态，规范基建行为，在从业人员中建立起标准规范的概念。而施工阶段正是各种基本建设活动最为集中，而且交错、重叠最多的部分。因此必须以很多标准规范才能加以控制，因此在建设标准规范体系中，施工类的标准规范拥有最多的数量，从而形成了庞大的“施工标准规范体系”。

3. 施工标准规范的类型

施工类的标准规范的数量众多，内容繁杂。从标准规范的性质上区分，大体可以分为五类：

施工管理规范；

施工技术规范；

质量验收规范；

材料配件标准；

检测技术标准。

以上5类标准规范中。最主要的是“施工技术”和“质量验收”两类。前者是对施工过程中各种行为的控制，包括工序安排、施工技术、工艺操作、质量控制等，覆盖了施工活动中最大量的环节。后者是基本建设各个方通过检查对工程质量合格与否的确认，在市场经济条件下，这是保证工程质量，实现建筑价值的重要步骤。

至于施工管理、材料配件、检测技术这些标准规范，都是为服务施工技术和质量验收这两个主要目标而设置的。无论是施工单位内部的管理和施工现场各单位关系的协调，或者对原材料和构配件的质量要求，以及对施工中各工序施工效果的检测，都是服务于施工质量控制和工程质量验收这两个目标的要求。因此，在施工类标准规范中《施工技术规范》和《质量验收规范》最受重视，并得到最广泛的应用。

1.3.4　传统施工标准规范的特点

1. 普遍的行政强制

我国传统的建筑业是劳动密集型行业，施工质量在很大程度上取决于现场施工操作的水平。分析“文化大革命”时期发生的施工质量问题，也大多与施工中的“行为失控”有关。编制施工规范的基本原则就是“有法可依”，即企图以全过程控制施工中的所有行为，来保证工程质量。由于在计划经济条件下的标准规范都是由政府以“行政令”形式公布的强制性标准。

因此传统施工类规范的最大特点，就是对施工全过程中各种行为的普遍强制性规定。

2. 技术问题的全面包干

过去，我国建筑业施工人员的素质和水平不高，往往由于技术问题失误而造成质量缺陷，甚至事故。为避免这种情况，编制施工标准规范时，力图将所有的技术问题都交代清楚，甚至很多细小的环节也不放过。这种对技术问题“全面包干”的做法，对于结束“文化大革命”时期“技术放任”的现象起到了控制作用，但往往使施工规范内容比较刻板，而且十分繁琐。

3. 定性判断的成分大

传统的建筑施工技术相对简单，检测技术也比较落后。对于建筑工程施工质量的检查往往采用经验、定性的方法，通过观察做出人为的判断。例如，采用观察的方法凭感觉确定外观质量的缺陷，而对孔洞、裂缝这些外观缺陷又缺乏严格的判断标准。对于构件尺寸偏差的允许值也多由经验确定。而且这些检查，不管批量和子样的大小，都以统一的合格点率确定质量等级。由于这种做法人为、主观因素的影响比较大，不尽合理。

4. 混淆评定与验收的作用

建筑工程施工活动中对于质量的控制，大体可以分为两个方面：作为施工单位内部考核检查的“评定”和有关各方的共同检查确定合格与否的“验收”。在计划经济时代，由于各方都属于全民所有制的“国家”，责、权、利关系不清楚，故对建筑工程的质量并不十分计较。相应的标准规范往往将属于内部的“评定”和属于外部的“验收”相混淆，统编在同一标准规范中，形成了目的性不太明确的《检验-评定标准》和《施工-验收规范》。

5. 建筑工程的评优活动

受到社会上“树榜样、立标兵”等活动的影响，我国传统的施工类的《检验评定标准》对建筑工程质量规定了“合格”和“优良”的等级。评优活动活动的目的，对内部多为“劳动竞赛”的考核；对外则是评奖条件，并无市场验收的意义。

1.3.5 施工标准规范的作用

1. 标准规范建设的成就

在我国的标准规范体系中，建筑施工类的标准规范有99本（基础规范6本；通用规范42本；专用规范51本）。土木工程其他专业（水工、港工、公路、铁路……）也各自建立了相应的专业施工规范。各地区也根据地域特点（寒地、热带、滨海、高原……）编制了适用性更好的地方施工规范。有条件的大型企业也根据自身条件，制订了自己的“企业标准”。这些施工类的标准规范，具有鲜明的中国特色，在我国近年的基本建设中起到了重要的作用。

2. 施工类标准规范的作用

我国的施工标准规范体系基本满足了建筑工程对于质量的要求，成功地指导了我国近年的大规模基本建设。起到了如下重要的作用：

（1）按标准规范施工，基本能够保证工程质量，达到质量验收的指标；

（2）实现设计目标，建造的房屋能够保证安全并满足使用功能的要求；

（3）施工成本比较低，建造速度很快，取得了比较好的经济效益；

（4）不对技术作过度的苛求，比较适合我国国情以及发展中国家的具体条件。

很难想象，如果没有这些施工类标准规范的约束，以及施工人员对标准规范的高度重视，我国大规模的基本建设将会是一种什么样的后果。

3. 基本建设的成就

在上述系列施工类标准规范的指导下，我国已高效、快速、高质量地建成了一大批施工难度很大的巨型、复杂的建筑工程，取得了举世瞩目的成就。

(a)　　(b)

(c)　　(d)

图 1-2　高难度建筑施工的情况

(a) 特大跨度空间网架结构施工；(b) 形状复杂钢结构楼房施工

(c) 高耸混凝土筒体结构的施工；(d) 高耸组合结构电视塔施工

图 1-2 为我国近年建设一些标志性建筑物的高难度施工情况。尽管其中某些形状怪异建筑的经济性及美学观念尚有争议，可另案讨论。但是其设计计算的复杂程度和施工建造的高难度，

都堪称世界一流。这些建筑的建成，显示了我国结构设计和施工质量的世界一流水平。也充分证明我国的施工单位完全有能力编制作为自己无形资产、具有知识产权性质的世界一流的“企业标准”，参加世界建筑市场的竞争。

2 施工规范的改革

2.1 标准规范的基本概念

2.1.1 我国工程建设标准规范体系

在了解作为施工质量验收指导性的《建筑工程施工质量验收统一标准》GB 50300—2013 以前，应对我国工程建设标准规范体系有一个全面的认识。

1. 标准规范的起步阶段

旧中国没有自己的工程建设标准规范，这是由于经济薄弱，技术落后。清末以来建造的一些近代建筑，是直接采用各种外国规范设计和施工的结果。新中国成立以后开展大规模的经济建设。在起步阶段，全盘引进苏联的规范标准，并在消化、吸收的基础上，于20世纪60年代开始自主编制我国自己的标准规范。最早的工程建设标准规范数量很少，且水平不高，基本是对苏联规范标准的模仿。当然，也结合中国的实际情况做了一些调整。但是即使是这样的标准规范，也基本未起到应有的作用。

1966年开始的“文化大革命”是对生产力的严重破坏，规范标准被认为是“资产阶级法权残余”和“对无产阶级专政的工具”而受到批判。因此，规范标准的执行基本陷于瘫痪。在缺乏规范标准约束下建造的这一时期的建筑物，质量普遍存在问题。其中许多已无法使用而废止；或者不得不大修加固，付出比原造价高得多的费用，造成了社会财富的极大浪费。其中有许多还酿成各种事故或留下隐患，在天灾人祸的偶然作用下发生房倒屋塌的灾害，造成生命、财产的巨大损失。

2. 标准规范体系的形成

吸取“文化大革命”对规范标准冲击造成影响的沉痛教训。“文化大革命”结束后转入以经济建设为中心的时期，工程建设标准规范受到空前的重视。为适应大规模经济建设的需要，我国不仅应该有自己的标准规范，而且还应该配套健全，形成体系。经我国工程技术人员、专家、学者及标准工作者的持续努力，到20世纪末，统计我国已有正式批准的标准规范3400本，另有200多本标准在编。这个当初看来十分艰巨的任务，终于基本完成。

3. 标准规范的作用

现在我们已经拥有具备中国特色的工程建设标准规范体系，基本能够满足我国规模宏大的基本建设的需要；在其制约、控制下建成的数以百亿平方米计的建筑物，质量良好，基本能够满足我国经济及社会发展的需求。与“文化大革命”时期的混乱状况相比，今天工程建设从业人员对标准规范的态度已大有转变。标准规范已成为指导一切工程建设活动的依据和准则。这对我国基本建设的工程质量无疑起到了巨大的保证作用。

与此相应的是所有的建筑工程质量事故，在检查其原因时，均有一条共同的理由，即违反了有关标准规范的规定——甚至可以很明确地指出相应标准规范的名称和章、节、条、款。这又从另一个角度印证了标准规范的重要性。只要遵守有关标准规范的规定，就可以基本上避免事故，起码可以避免严重事故。标准规范的积极作用是显而易见的。

2.1.2 标准规范的管理

1. 标准化法和管理条例

随着标准化工作的开展和深入，20世纪80年代末，通过人大立法公布了《中华人民共和国标准化法》，并随之确立了工程建设的《标准化管理条例》。这标志着我国标准化工作（包括工程建设标准化工作）的巨大进展。在规模巨大的标准规范体系中，每一本标准规范都与相关的其他标准规范发生关系。怎样处理好与上下、前后、左右相邻标准规范的关系，这就是《条例》所确定的标准规范管理问题。现将标准规范的类型及关系简单介绍如下。

2. 标准的应用范围

国家标准（GBJ 、GB 50）：在全国范围内普遍执行的标准规范。

行业标准（JGJ）：在建筑行业范围内执行的标准规范。

地方标准（DB）：在局部地区、范围内执行的标准规范。

企业标准（QB）：仅适用于企业内部的标准规范。

3. 标准的执行力度

强制性条文（黑体字表达）：这是具备“准法律性”的强制性标准中的个别条文。

强制性标准（GB、JGJ、DB）：由政府有关部门以“行政令”形式公布的标准规范。

推荐性标准（CECS、GB/T、JGJ/T）：自愿采用、自负其责，通过合同协议起约束作用的标准规范。

4. 标准的作用

综合标准：在专业范围内具有约束力，并起到指导作用的标准。

基础标准：确定专业范围内的基本原则，具有广泛指导意义的标准规范。

通用标准：针对某一类标准化对象（设计、施工、试验等）制定的共性标准规范。

专业标准：通用标准的延伸和补充，是针对某一更具体的标准化对象而专门制定的。

5. 标准的关系

服从关系：下级标准规范的内容不得违反上级标准有关的原则和规定。

分工关系：每本标准只能管辖标准规范体系中特定范围内

的技术内容。

协调关系：相关标准规范在有关技术问题上应互相衔接，协调一致，避免矛盾。

引用关系：其他标准已经表达过的内容，可以采用提示性条文的形式直接引用。

重复关系：其他标准已有的少量内容，必要时可以重复表达，但必须完全协调一致，不得矛盾。

6. 标准的管理

（1）标准编制

第一次制订标准规范称为“编制”，公布时赋以固定不变的编号。

（2）标准修订

标准规范为适应体制变化，技术进步等情况变化而须不断进行内容的修订：定期的全面修订或随时的局部修订。

（3）标准化信息

标准规范的编制、修订的信息，定时在工程建设标准化协会的期刊《工程建设标准化》杂志上公布。

（4）管理和出版

标准规范由行政部门或协会管理；国家指定的出版社出版、发行。

（5）解释和咨询

强制性条文由主管行政部门解释。技术问题由主编单位成立管理组负责解释。“解释”应理解为只介绍规范条文的内容和技术背景，并不意味着对条文工程应用的具体技术问题作出肯定的答复。具体工程问题只能靠技术人员的标准规范的理解解决，并自负其责。

2.1.3 标准规范的辅助材料

1. 指南手册

各种指南、手册是标准规范的外延或补充。其将执行时的种种问题落实为更具体做法或措施，例如采用曲线、图形、表格等形式以方便应用。但指南、手册本身并不是标准规范，因此与规范的管理和解释无关。完全由技术人员自愿采用，并自负其责。

2. 标准设计或统一措施

标准图集或编号出版的统一技术措施，将许多重复性的设计计算或大量采用的典型构造措施集中表达，可以大大节省使用者的工作量。由于其经过鉴定而比较可靠，具有一定的权威性。但是同样其并不是标准规范，只能由技术人员根据具体工程情况自愿采用，并承担相应的责任。

3. 程序软件

利用计算机程序，可以代替人的简单重复性劳动，解决标准规范中大量的计算、验算和绘图问题。因此，近年与有关标准规范配套的计算机程序得到广泛应用。但是，程序本身并不是标准规范。作为商品，也只能由使用者掌握其应用并自己负责。

2.2 标准规范体制的改革

2.2.1 传统体制的局限性

传统标准规范体系是在计划经济体制下，以行政手段管理技术问题的产物。主要解决在生产力不发达、技术发展水平较低情况下，通过行政性的强制方法管理基本建设，控制工程质量。过去半个世纪的工程实践表明：在当时的历史条件下，这个标准规范体系确实起到了一定的积极作用。“文化大革命”以后我国基本建设的巨大成就，证明了现行标准规范的适用性。但是随着改革开放的深入进行，我国正经历由计划经济向市场经济转变的过程。随着经济和技术的发展，传统标准规范体制的弊病也逐渐显露出来。

1. 行政管理技术的影响

现代技术进步和产品更新的速度加快，而采用行政方法和强制执行的方式使规范标准以外的技术创新都成为“非法”，因而得不到有效的支持。这里当然有从业人员认识上的误区，但这种僵化的管理体制也在一定程度上起到了阻碍技术进步的负面作用。

2. 普遍强制失去严肃性

我国占九成的标准规范都是强制性质的。到21世纪初，统计房屋建筑类强制性标准规范中所包含的条文已达到15万条，而且现在其数量还在不断增加。如果都必须不加折扣地强制执行，不仅非常困难，而且根本不现实。其结果只能使“强制”落空，反而冲击了那些真正应该强制的极少量重要内容。

3. 周期过长不利于新技术推广

标准编制、修订周期过长，纳入标准的条件相当苛刻，将严重地阻碍新技术的应用。例如我国高强钢筋的推广应用缓慢，与标准修订周期过长，以及规范以外内容都是“非法”的传统观念有关。这种普遍强制标准规范体制的做法，是否还是先进生产力的代表？值得怀疑。

4. 技术包干影响创新

规范标准规定的技术问题事无巨细都必须详尽地统一管理并强制执行。在这种思路指导下的各种标准规范，内容越来越多，规定越来越繁琐，甚至纳入了大量原本应该属于指南、手册和工法、操作规程的内容。在技术迅速进步的今天，这种包干和限制只能起到束缚、扼杀创新积极性的消极作用。

5. 数量庞大引起矛盾

数量庞大而且越来越多标准规范，难以严格审查、协调和管理。内容难免交叉、重复。有些标准规范实质性的核心内容不过几条，但大量移植相邻标准规范的内容。由于标准规范修订不同步，往往交叉矛盾而造成使用者的不便。这种不良后果已在工程实践中逐渐显露出来。

6. 造成依赖性和责任不明

规范的普遍强制，造成了很多从业人员“只要照规范标准做，出了问题由规范标准负责”的认识误区。加之技术包干，不动脑筋地照搬照抄和机械执行，成为一般从业人员的习惯，造成了很大的依赖性。甚至在出了问题以后，还以规范标准作为推卸责任的借口，在某些情况下倒成了逃避责任的保护伞。

“只对规范负责而不对工程负责”的悖论，造就了很多谨小慎微，唯规范标准是从的“工匠”。这种缺乏创新精神和竞争能力的后果，就可能使我国建筑业在未来市场竞争中处于被动地位。

2.2.2 国外标准规范的情况

在市场经济比较健全的发达国家，工程建设标准规范的体制与我国完全不同，对其作概略的了解不无益处。在工业发达国家中，经过技术发展和市场经济的改造，逐渐形成了以下四个层次的标准规范体系。

1. 技术法规

事关建筑安全、人体健康、环境保护、公众利益、节能减耗和市场秩序的重要关键技术问题，通过立法程序而成为《技术法规》，交政府执行。作为法律，其技术性成分高度概括，但却具有法律的强制作用。《技术法规》通过政府执法，对于规范建筑市场行为，保证工程质量，起到了重要作用。

2. 技术标准

在国外，政府不干预技术问题。工程建筑中的技术性标准规范均由科研学会或行业协会负责，是非强制推荐性质的。其通过合同、协议而起约束的作用。《技术标准》只是对技术问题的最低限度作要求；并且还经常修订，以反映技术进步的变化。在技术人员的心目中，《技术标准》不是必须严格遵循的强制性“法律”，而只是“自愿采用”的参考文件。可以根据具体条件灵活应用，但是必须“自负其责”。

3. 企业标准

在市场经济条件下，建筑企业由于投标、竞争的需要，必须具有超越一般技术标准要求的能力。各种形式的《企业标准》比较普遍，并且往往具有知识产权而成为企业的无形资产，是企业参与市场竞争的有力手段。企业通过编制标准，调动了积极性和创新精神，因此具有技术进步的动力和竞争的活力。

4. 标准技术商品

在市场经济条件下，作为规范标准补充的各种指南手册、标准设计、程序软件等辅助手段得到广泛应用。这些与标准规范有关的《技术商品》，以编制质量、使用方便的竞争，各自取得相应的市场份额。同样，其不可能有任何强制性质，而只能以自愿采用的方式应用，并由使用者自己负责。

5. 标准规范的作用

在上述四个层次标准规范体制并存的条件下，除极少量的《技术法规》必须遵守以外，规范标准对从业人员的约束和限制实际上很小。同时规范标准本身也并不要求使用者必须严格遵守而束缚其能力的发挥。各国标准规范体制的形式尽管各具特色，但其作用基本是开放的。

例如，法国在《技术法规》中规定：房屋建筑必须“保险”，并通过保险业的介入，以市场手段来保证工程质量。作为《技术标准》的美国 ACI 规范一开始就声称：“……本规范……仅提供设计与施工的……最低限度的要求。”英国 BS 规范前言中则强调：“……遵守本规范本身并不给予豁免法律责任。”美国 ASSHT 公路规程更明确：“……本规程无意取代技术人员所具有的专门教育和工程判断的训练。……仅在规程中提出最低限度的要求。……希望……采用先进技术……提出更高的要求。”

上述对标准规范作用的规定，表现了控制建筑工程质量完全不同的思路和措施。这与我国普遍强制的标准规范体制和从业人员唯规范条文是从的状态有着根本的区别。

2.2.3 体制改革的迫切性

1. 加入 WTO 以后的竞争

我国已于2001年正式加入世界贸易组织（WTO），这意味着对外全面开放，包括建筑市场。作为世界贸易组织的成员，必须承诺以下9项基本原则：无歧视待遇原则；最惠国待遇原则；国民待遇原则；透明度原则；贸易自由化原则；市场准入原则；互惠原则；对发展中国家和不发达国家优惠待遇的原则；公正平等处理贸易争端的原则。总之，是全面对外开放。对于建筑领域而言，以下五个领域也将开放并参与国际建筑市场的竞争：

建筑业；

勘察设计咨询业；

标准定额及其工程服务；

房地产业；

城市规划。

作为最大的发展中国家，我国正处于经济高速增长的时期，拥有目前世界上最大的建筑市场。并且建筑业也成为国民经济最重要的支柱产业之一。加入 WTO 以后，我国建筑业将走向世界，也迟早将遭遇来自外部的竞争。这是机遇，也是挑战。世纪之交，建设部的领导以及建筑界的有识之士已经意识到这一点，并开始考虑相应的对策。

2. 规范标准体制的改革

传统以“普遍强制”和“全面包干”为特征的标准规范体制，实际是“自我束缚型”的模式。面对加入 WTO 和由计划经济向市场经济的过渡，将按市场经济的原则与国际接轨而参与竞争。游戏规则的变化，将对我国经济（包括建筑业）造成巨大冲击。如不及时进行调整，将陷于被动，而首当其冲的就是标准规范体制。因此按国际通用的模式进行标准规范体制的改革，就尤为迫切了。

2.2.4 体制的改革思路

1. 体制的改革方向

由于特殊的国情，我国今后标准规范体制改革的具体步骤是一个逐步摸索、逐渐完善的过程。但总的方向是明确的，那就是随着政府逐渐“减政放权”，目前以“行政强制”为主的标准规范将两极分化。分别沿着“法律性”和“推荐性”两个方向发展，形成政府管理法律性的《技术法规》和由学会、协会控制推荐性质的《技术标准》。同时通过市场手段，提倡《企业标准》和《技术商品》的竞争，促进技术发展和行业素质的提高，增强竞争能力。

2. 体制改革的目标

我国标准规范体制改革的最终目标是按照国际惯例，形成如下4种标准形式并存的局面，实现与国际接轨，并使建筑业的素质有根本性的提高，以适应参与世界建筑市场的竞争。

（1）技术法规

通过立法而由政府执行的稳定的法律文件，控制安全、环保、公益、健康、节能、秩序的基本原则性问题。目的是保证建筑工程的质量和市场公平竞争。

（2）技术标准体系

由科技学会、行业协会负责的技术性标准规范体系为推荐性质。不再强制而以“自愿采用，自负其责”的方式应用。在市场经济条件下，通过合同、协议而产生约束作用。

（3）企业标准

鼓励建筑企业提高素质、改进管理、创新技术，编制具有知识产权性质的技术文件——企业标准。作为无形资产参与市场竞争，并促进技术进步和企业水平的提高。

（4）技术商品

标准规范中非原则性的繁琐、冗余内容，以及标准规范具体应用中的各种细小技术问题，可以通过编制指南手册、标准设计、技术措施、程序软件等辅助材料，以技术商品的形式竞争市场。

3. 体制改革的路线图

根据标准规范体制改革的总体思路，改革的路线图如图 2-1 所示。

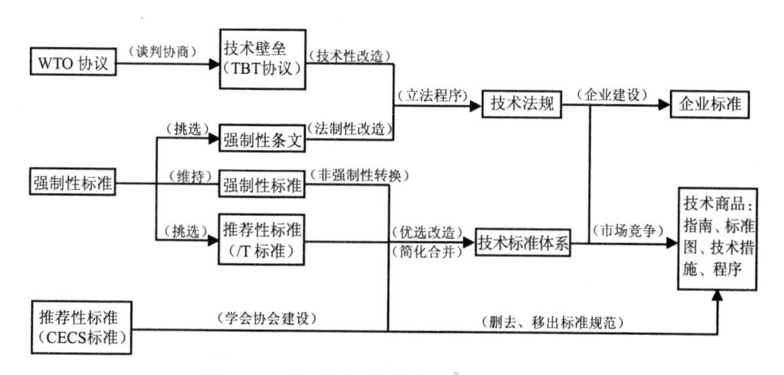

图 2-1　标准规范体制改革的路线图

2.2.5　体制改革的步骤

1. 编制强制性条文

从现行强制性标准规范中挑选极少量有关安全、环保、公益、健康的条款，编制《强制性条文》；加强其执行力度，作为未来《技术法规》的雏形。

2. 向技术法规过渡

精简、原则化《强制性条文》的技术性内容；加强其法制性质；补充规范职业道德、管理建筑市场秩序的有关规定；根据《贸易技术壁垒协议》（TBT 协议）的规定，保护国家民族（包括建筑业）的利益；形成《技术法规》的基本内容。

3. 确立技术法规

通过立法程序，形成具有法律性质的《技术法规》，交有关政府行政部门管理，并以法律的形式强制执行。同时成立专家委员会，协助对《技术法规》的管理和解释。

4. 加强学会、协会的建设

对学会、协会（例如中国工程建设标准化协会CECS）加以整顿和扶植，消除其行政背景而成为真正独立的非政府部门。赋予《技术标准》编制、修订、出版、发行、管理、咨询等职权，形成足以维持其经济独立的条件，并由相应的专家、学者管理。

5. 技术标准的非强制转换

挑选出《强制性条文》以后，标准规范中其余一般技术性内容不再由政府部门控制，而且不再具有强制性质，全部交由学会或协会管理。这些标准规范完成“非强制转换”以后，成为推荐性质的《技术标准》。通过合同、协议而起约束作用。

6. 标准体系的优化方案

统计、归纳、分析现行的技术标准规范，根据系统、简约、高效、集中的原则，确定优化的标准规范体系方案。对现行的标准规范进行调整、改造，淘汰、删除、合并、简化、减少规范数量，优化标准规范体系的结构。

7. 建设标准规范体系

根据工程建设的实际需要和技术进步的趋势，加强基础研究，提高研究水平，及时编制急需的标准规范，占领高新技术制高点。通过吐故纳新，增加、补充、完善必要的标准规范，建立精简高效、结构合理、技术先进的《标准规范体系》。

8. 整顿市场秩序实现公平竞争

利用《技术法规》的强制法律手段，严厉打击诚信缺失和丧失职业道德的行为，建立正常的职业道德和市场秩序。技术标准规范不再强制以后，依靠正常的市场秩序实现公平竞争，促进技术进步和优化管理。

9. 鼓励编制企业标准

鼓励建筑企业改进管理，技术创新，并编制适应本单位条件并反映企业优势的《企业标准》，作为无形资产参与建筑市场的竞争。通过竞争优胜劣汰，提高企业管理水平和技术素质，形成竞争能力，从整体上促进我国建筑业水平的提高。

10. 发展技术商品

在标准规范的改造和调整过程中，过于繁琐、冗余的内容，删除并转移到指南、手册、标准设计、技术措施、程序软件等辅助材料中，以技术商品的形式得到反映，通过市场竞争提高质量，方便工程应用。

11. 标准规范的一体化

我国分属不同部门管理的建筑、水工、铁道、公路、港工、人防等专业，标准规范分离。实际作为土木工程，其基本内容相同，完全可以编制统一的标准规范反映其中的共性技术内容，并以在其指导下的专业规范反映各专业的特色。从改革开放和市场经济发展的需要而言，标准规范的统一有利于我国内部的公平竞争和技术进步，有利于提高效率和增强我国对外的国际竞争能力。

12. 施工规范的改造

根据市场经济条件下建筑工程施工管理及质量验收的变化，参考国外情况，改造现行的施工类标准规范。加强《质量验收规范》的建设；完善质量检测及检查的方法；通过《施工技术规范》改进企业管理，提高技术水平，保证工程质量。详情容后再述。

以上是拟议中的标准规范体制改革的大体步骤。可以看出，目前的改革刚刚起步，要真正实现改革的目标，还有漫长的过程和许多艰巨的工作。

2.2.6 体制改革的进展

1. 强制性条文的实施

2000 年为配合国务院《建设工程质量管理条例》的执行，建设部召集建筑界专家、学者从房屋建筑类强制性规范标准的 15 万个条文中，选择直接涉及工程安全、环境保护、公众利益和人体健康的 1500 个条款，编制了《工程建设标准强制性条文》。强制性条文量少质精，避免了“普遍强制”和“全面包干”的弊病，同时内容具体明确，有可执行性，便于监督检查。加强其执行力度对保证工程质量有积极作用。

强制性条文公布以后引起很大反响，由于其“准法律性”的强制性质，受到从业人员的高度重视，并迅速得到执行。这对于保证我国的建设工程质量，起到了积极作用。强制性条文公布以后，由领导、专家、学者组成的咨询委员会协助政府管理和解释。根据情况的变化，2002 年、2009 年、2013 年 3 次修订，公布了不同版本的《工程建设标准强制性条文》。

应该指出：强制性条文只是标准规范的片断内容，并不构成完整的概念。因此不能片面地理解和机械地执行。应该将其看成是暂时的过渡形态，是我国未来《技术法规》的雏形。当然，将来还要精简其技术性内容而增加其法律性成分，并利用其准法律性质补充规范市场行为，约束职业道德的有关内容，以整顿我国建筑市场的秩序。同时根据加入 WTO 组织时的承诺以及相应的《贸易技术壁垒协议》（TBT 协议），采取保护国家利益、保护民族工业的措施，通过立法程序而最终成为完全法律性质的《技术法规》。

但是由于客观形势的限制，标准规范的进一步改革目前暂时陷于停滞。近年强制性条文的数量大幅度增加，几乎翻了一番，而法制化建设方面却没有任何进展。今后似应作进一步的改进。

2. 标准体系的优化方案

标准规范体系应该按照其自身的逻辑规律，根据工程建设的需要和预期的技术发展方向，合理地配置必要数量的标准规范，从而构成科学、严谨、简洁、高效的系统。而传统标准规范的立项、编制多带有临时、随意的性质。因此不少标准规范的内容繁琐、冗杂、交叉、重复，纳入了很多本应在指南、手册中解决的问题，造成了许多重复、不协调。21 世纪以来，标准规范数量急剧增加，造成了许多混乱。但同时，很多属于基础理论，代表技术发展方向的标准规范却较短缺。因此，我国数量庞大标准规范体系的结构，极应进行调整和优化。

我国现有的标准规范应该清理整顿，做到数量合理，层次分明、系统协调、避免重复和矛盾。为此应按以下的原则进行优化改造。

（1）分析现行所有标准规范的主要内容，进行分类、整理、归纳；

（2）过时、落后的标准规范应淘汰；核心内容不多的重复标准规范应合并、裁撤；

（3）个性突出有实际内容的标准规范应保留，并与时俱进地扩大修订范围、补充完善内容；

（4）工程急需、代表技术发展方向的原创性内容，应及时补充编制新的标准规范；

（5）技术发展增加的内容，以局部修订的形式纳入相关标准，基本不再增加标准规范数量；

（6）原标准规范中次要、繁琐的具体内容不再纳标，改由指南、手册解决；

（7）注意相关标准规范的衔接、协调；考虑与《技术法规》配套应用，渐进解决。

21 世纪初，在完成强制性条文编制后，建设部和工程建设标准化协会（CECS）组织我国建筑行业各专业的专家、学者和标准工作者，进行了有关的工作。优化的“标准规范体系”方案反映在 2003 年 1 月由中国建筑工业出版社出版的《工程建设标准体系——城乡规划　城镇建设　房屋建筑部分》一书中。

按上述方案进行改造，将形成我国简洁、高效的标准规范体系。但是，同样由于客观形势的限制，标准规范改革目前暂时陷于停滞。标准体系的优化方案未能实施，也只能作为参考，供将来标准规范改革进一步发展时借鉴。

3. 标准规范一体化的方向

“文化大革命”以后，我国就开始了大土木工程范围内标准规范一体化的努力。利用加入国际标准化组织（ISO）的时机，首先实现了名词、术语、符号和计量单位的统一，大大方便了工程界、学术界的交流，并实现了与国际接轨。

与此同时，我国学者开始考虑采用先进的可靠性理论，作为控制结构设计安全的基础。在大规模调查研究和统计分析的基础上，首先在混凝土结构设计规范中以概率极限状态设计的方式实现了具体应用。后来这种结构设计理论相继被各结构设计规范理解和接受。到21世纪初，其他结构设计规范相继正式采用概率极限状态设计的方式，在结构设计理论上基本达到了一致。

为达到结构设计规范的协调一致，以应用最为广泛的混凝土结构为试点，在20世纪后期组织了各专业的专家、学者进行了以基本理论及规范修订为目标的六批大规模的系统试验研究，基本奠定了我国现代混凝土结构理论的基础，并指导了各专业设计规范的修订。在协调研究的同时，还形成了包括各专业的专家、学者的学术群体。这些专家、学者不仅熟悉本专业的标准规范，对其他专业部门的标准规范也有了一定的了解，并对土木工程范围内的共性技术问题形成了基本一致的认识。

在国际上，标准规范一体化也成为趋势。20世纪末公布的《模式规范》（Mode Code 90），是欧洲共同体为统一各国标准规范提供的样板。各成员国修订自己的标准规范向其靠拢，最终形成了统一的《欧洲规范》（Euro Code）。由于标准规范的协调，在不增加硬件的条件下，欧盟的生产效率将增加10%以上。可见标准规范的统一，将带来多么大的好处。

4. 标准规范一体化的努力

在这种情况下，20世纪90年代我国各结构专业的一些专家、学者，首先提出了在混凝土结构的范围内编制统一《土木工程混凝土结构设计规范》的建议。借鉴《模式规范》，并在详细分析我国各专业规范的基础上，提出了编制统一设计规范方案的建议。建议得到了学术界、工程界许多专家、学者的赞同。

但是，我国各专业的标准规范是由不同的政府部门管理和控制的。标准规范的行政强制性质是这些部门权力的体现，而且专业标准规范往往在市场竞争中起到“技术壁垒”的作用，能够保护本行业的利益。而标准规范的统一，意味着对传统领域控制的丧失。因此，得不到所有相关部门的支持，上述标准规范一体化的努力最终只能落空。但是这些为统一标准规范的前期工作，仍有一定的参考意义，可以为迟早会实现的标准规范统一提供参考。

5. 施工规范的改造

由于计划经济条件下基本建设责、权、利的划分不明确，传统施工规范多以控制工程建设中的“行为”和内部质量的“评定”为主，而且内容庞杂，十分繁琐。为适应市场经济条件下质量验收及市场竞争的新情况，施工规范必须进行调整、改造。原则是“验评分离、强化验收、完善手段、过程控制”的十六字方针，将在下一节中详细叙述。

6. 体制改革的总结

20 世纪末我国曾进行过大规模政府放权的行政体制改革。在这种形势下，当时的建设部领导和工程建设标准化协会策划并启动了标准体制的改革。改革的总体思路和步骤如路线图 2-1 所示。遗憾的是这种体制改革刚刚开始，就由于有关领导的变化，有些政府部门未能放权，以及其他各种原因而停滞下来。技术法规、学会协会建设、技术标准的非强制转换、标准体系的优化建设、建筑市场整顿、标准规范一体化等进一步的改革措施基本未能落实。

但是应该相信，随着改革开放的逐步深入和政府职能的转变，市场经济发展必然会导致工程建设标准规范体制的改革，以适应建筑市场开放的局面。我国建筑界从业人员习惯的行为规则和传统做法将受到冲击。面临未来的竞争，对标准规范过分依赖以及缺乏创新意识将处于不利地位。面临挑战和压力，我国的建筑业应提高素质，适应规范标准体制改革所带来的变化和挑战，在经历一定时期的压力和考验后，获得新的发展。

2.3 施工规范的改革

2.3.1 传统施工规范的问题

1. 传统施工的质量问题

我国建筑业一直是劳动密集型行业，施工技术、装备落后，管理水平和人员素质不高，再加上“大跃进”和“文化大革命”等社会因素的冲击，正常的施工秩序受到干扰，工程建设的质量一直不太理想。不仅施工质量不稳定，工程事故时有发生；而且不少建筑还留有安全隐患，一旦发生天灾人祸的“偶然作用”，往往引起房倒屋塌的严重后果，造成人民生命、财产的巨大损失。汶川地震及其他天灾人祸一再引起惨重损失的教训，应该汲取。

2. 传统施工规范的局限性

以“普遍强制”和“全面包干”为特征的我国传统施工规范，似有形式主义的弊病。这种思路并不是保证工程质量的有效途径，反而造成有关人员对规范的严重依赖性。只会造成有关人员“只对规范负责，而不真正对工程负责”的错误认识。不顾条件机械、刻板地执行规范的规定，难以应付施工现场错综复杂、变化多样的情况。出了问题以后，往往还要拿规范作挡箭牌，以没有违反规范的规定为借口逃避责任。长此以往，建筑业和从业人员的素质得不到提高，很不利于建筑市场开放以后的竞争和发展。

2.3.2 施工控制模式的改革

1. 施工控制模式的比较

（1）计划经济的质量管理

计划经济条件下基本建设的各方都是全民所有制的国家单位，本就属于一家。因此责任、权力、利益就很难划分清楚。

加上政府往往干预工程（如献礼工程、形象工程、首长工程等），政企不分使施工管理难以落实。因此工程质量主要靠施工单位的“自我约束”和“行为控制”加以保证。这种管理体制和相应的施工规范，造成缺乏外部客观因素的有效监督，很难形成对施工的有效控制，实际的工程质量难以得到保证。

（2）市场经济的质量的验收

市场经济条件下建筑是商品，只有在市场上实现其价值才有意义。建设、设计、施工各方责、权、利的划分非常清楚，形成了对工程质量多方共同制约的机制。这种机制最终落实为对施工质量的“验收”。“验收”是建筑工程有关各方对施工质量合格与否的“共同确认”。其不仅是技术问题，还带有市场商业的性质。在市场经济的条件下有关各方的“验收”，即外部因素对施工质量的有效监督，才是保证工程质量的关键。经历长期发展和完善，在技术经济发达和市场秩序正常的国家，以“验收”为中心建立起了对施工质量控制的标准规范模式。

2. 国外施工类标准的特点

（1）以验收保证工程质量

国外对施工质量都十分重视，同时还很注意施工技术进步和新技术的应用，以提高效益。近年特别关注材料的高性能和低消耗；对于施工安全和环境保护的控制也极其严格。市场经济发达国家施工质量控制的思路与我国完全不同：施工类标准规范很少，甚至没有真正意义上的施工规范。通常是设计提出工程质量的要求，通过有关各方人员进行相应的检查并共同“验收”加以确认。这种方式的实质是通过市场手段，以外部因素促进工程质量控制；有时甚至再加上保险业的介入来保证工程质量。

（2）保证验收的手段

与此相适应的是：为使“验收”比较严密，建立了系统、完整、严格的检查验收体系，形成了可操作性很强的《施工质量验收规范》。同时为了使检查更加科学，还配套发展了许多有关材料、构配件质量的《检测标准》，使验收结论更加公正和客观。

至于如何达到验收要求质量的方法手段：采用的施工技术、工艺、管理、操作、评定等问题，则应由施工企业自行以《企业标准》的形式解决。没有能力承担施工的企业，则早已通过市场竞争淘汰出局了。

（3）质量控制的效果

在市场经济条件下通过“验收”而控制施工质量的做法，有效地保证了实际的工程质量。同时由于对于施工技术、工艺方法、操作管理等没有《施工规范》来加以约束而相对比较宽松，倒也激励了创新的积极性和新技术的应用。这也就是国外施工工艺、技术发展变化很快，施工企业一般素质较高，而且竞争力很强的原因。

3. 施工规范的改革思路

我国传统有《施工验收规范》及《检验评定标准》两大类，其分工不明确，且规定过于繁琐，主要强调内部管理和约束行为，落实为“质量评定”。“评定”是带有自我评价性质的行为，缺乏有效的外部监督，并不能保证真正的施工质量。在市场经济条件下，以各方的“验收”为重点。通过强化施工质量的检查和验收来促进施工控制和质量提高，这是比较有效和现实的出路。

施工规范改革的具体做法是：将传统《施工验收规范》及《检验评定标准》中有关“验收”类的内容集中起来，编制《施工质量验收规范》。而将其中属于技术、管理、检查、评定等内容分离出来另行编制《施工技术规范》，以企业标准或其他的形式控制工程质量。其中更繁琐的内容可以采用指南、手册的方式实现更具体的表达。

至于“评优规则”确定的“优良等级”，是计划经济时代“树典型、立标兵”的产物，则是市场经济条件下所没有的。而且评优方法多流于形式的做法，没有普遍推广的意义。目前对

“评优”在市场经济条件下的作用尚有争议，因此在标准规范体系中不再考虑。整个施工类标准规范改革的思路如图 2-2 所示。

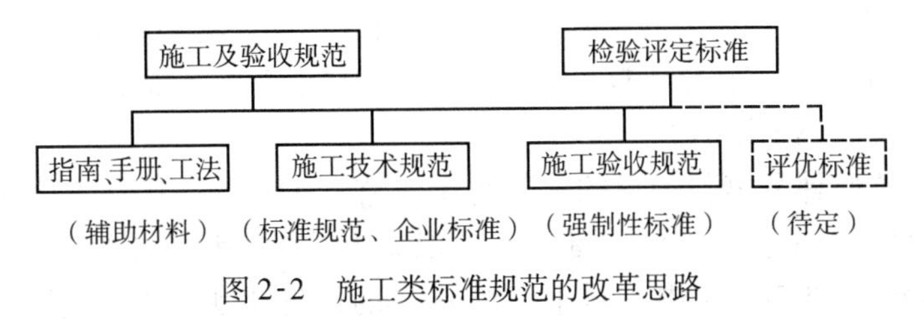

图 2-2　施工类标准规范的改革思路

2.3.3　施工规范的改革

1. 施工规范改革的原则

适应市场经济和竞争机制的要求，施工类标准体制的改革也提上了日程，成为继《强制性条文》之后的又一个实施的改革项目。对施工类的标准规范的改革的原则是：将传统“技术管理型”标准转变成“质量验收型”和“施工技术型”两种规范。落实为“验评分离、强化验收、完善手段、过程控制”的十六字方针。现以应用最为广泛的混凝土结构工程施工为例，加以说明。

2. 编制施工质量验收规范

为配合满足设计规范要求的工程质量，强化对施工质量的“验收”，落实施工规范改革的十六字方针。以混凝土结构工程施工而言，编制了强制性的国家标准《混凝土结构工程施工质量验收规范》GB 50204。

（1）验评分离

我国原来已有《混凝土结构施工验收规范》以及相应一些配套的其他检验评定标准。将这些标准、规范中关键质量检验的条款加以筛选，选择重要者改造为需要各方确认的“验收项目”。从而编制《混凝土结构工程施工质量验收规范》GB 50204 解决。而其余可由施工单位内部解决而无须各方确认的检查评定内容，则另在《混凝土结构工程施工规范》GB 50666 中解决。这就实现了“验收”和“评定”的分离。实际上“验收”是市场经济条件下商业性的各方对质量的检验确认，与施工企业内部质量控制中的检查“评定”完全不同。这两种不同性质的检验，目前在施工标准规范的修订中已经基本实现了分离。

（2）强化验收

“验评分离”的目的就是为了“强化验收”，因为“验收”才是保证工程质量的关键。在《混凝土结构工程施工质量验收规范》GB 50204 中，属于“验收”的内容大大地加强了。例如，严格规定了：检验批的划分；抽样检验的方法；合格验收的条件；检验批量调整；复式检验方案；增加了对重要项目“见证检测”和施后后期“实体检测”的检验层次；还对不同层次检查验收程序、检验人员的代表性及资质等都作出了详细的明确规定。上述这些“强化验收”的措施，保证了质量验收结论的有效性。这与传统施工规范的质量控制形式，有了很大的进步。

（3）完善手段

为实现“强化验收”，必须实现完善的检测手段。《混凝土结构工程施工质量验收规范》GB 50204 大大完善了对施工质量检查的方法和手段。尽量采用客观检测的数据反映施工质量，并得出定量的检验结论，这就大大减少了人为主观判断对检查结果的影响。近年我国在开发、完善各种检测技术方面取得了很大的进展，检测装备也已经普及应用。这些完善的检测手段纳入规范，大大提高了验收结论的客观性和科学性。施工验收规范在每一个需要检查验收的项目中，都明确给出了定量的检验指标以及相应的检查方法。

3. 过程控制

曾有人认为“强化验收”会放弃施工过程中的质量控制，而只作最终工程质量的检查，造成“死后验尸”的结果。这完全是对验收规范的曲解。事实上，对施工质量的检查验收始终贯彻在整个施工过程中：原材料的进场验收；关键、重要工序的检查；客观的见证检验；以及竣工前的实体检验等。施工全过程都保证了对质量的严密控制，只不过验收规范不再纠缠于施工管理、工艺技术、操作方法、自我评定等枝节问题，而是直接通过对工序完成以后的实际质量检查而进行验收，来落实这种控制。这就是施工标准规范改造以后的最大特点。

例如，对混凝土结构工程施工质量的验收，根据其施工特点，按"原材料进场检验"、"施工过程检查验收"、"结构实体检查验收"、"子分部工程验收"4个阶段，落实质量控制的全过程检查验收，如图2-3所示。

4. 编制施工技术规范

(1) 施工技术规范的作用

就本质而论，真正的工程质量是在施工过程中由技术管理和工艺操作形成的；"验收"只不过是对质量状态的反映而已。因此"验收"尽管对市场很重要，但并不能真正决定实际工程的质量状态。真正的工程质量还得靠施工企业对技术、工艺、操作的管理。因此编制施工单位内部控制的《施工技术规范》(简称《施工规范》)以指导工程施工，同样具有重要意义。

(2) 施工规范的内容

从原规范中分离出来的施工技术、工艺、管理、评定等方法及手段性质的内容，经整理而编制成为《施工规范》。用以指导施工单位内部为实现"验收"目标而进行的行为控制及检查评定。在国外其往往采用《企业标准》的形式，以促进施工企业的技术创新和提高素质。并通过市场竞争淘汰落后，推进行业的优化。但是，在我国只有少量施工企业有能力编制企业标准，因此为照顾现实情况，编制了通用性的《施工规范》，供一般施工单位参考应用。

以混凝土结构工程施工为例，在编制了《混凝土结构工程施工质量验收规范》GB 50204以后，又编制了《混凝土结构工程施工规范》GB 50666，主要解决施工组织、工艺技术、操作手段、行为控制、检查评定等属于单位内部管理的问题。当然

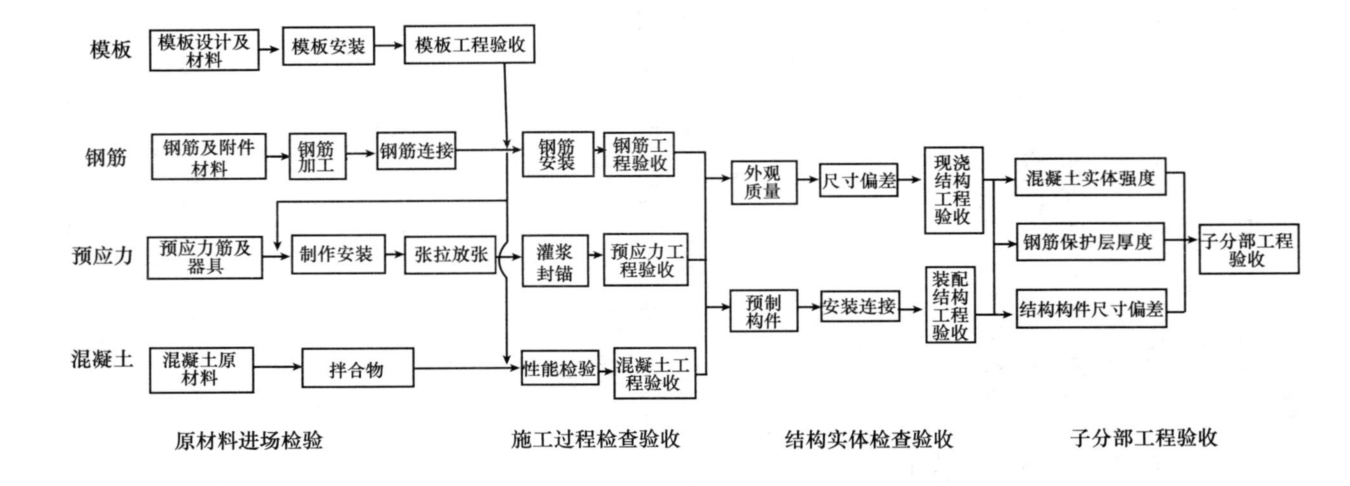

图2-3　混凝土结构施工质量验收系统图

还有指南、手册、程序、技术措施等“技术商品”作为辅助手段，补充、完善有关标准规范的规定，使现场施工得到更具体的指导。

（3）施工规范的发展

当然从施工规范的改革而言，希望《施工规范》只是过渡形式。在我国的大型施工企业提高素质和水平以后，应该编制能够反映技术特长并具有知识产权性质的《企业标准》，作为无形资产而取得市场竞争的优势。而《施工规范》则可以逐渐退化为推荐性标准，继续发挥作用，为一般中小施工单位服务。

前已有言，我国已经高效、快速、高质量地建成了一大批施工难度极大的巨型、复杂的建筑工程，取得了举世瞩目的成就。这些施工难度堪称世界一流建筑的建成，显示了我国施工质量的高水平。这些成果完全应该落实为具有知识产权性质的《企业标准》，作为企业的资质而参与国际建筑市场的竞争，从而取得应有的份额。

3 统一标准的概念

3.1 统一标准的作用

3.1.1 施工验收的基本要求

1. 施工验收的原则

前已有述，建筑工程的施工是多专业、多工种、多工序交叉作业的庞大、复杂系统工程。施工过程如此，质量验收的过程同样也如此。解决此类问题的通常方法是：对复杂的系统，可以分解为相对比较简单的问题分别处理；对庞大的数量，同样可以划分成相对比较小的批量逐个解决。积简单为复杂，积少量为大量，最终求得庞大、复杂问题的解决。建筑工程施工验收，也采取了同样的原则。

复杂的建筑工程施工是分为许多“专业”进行的。因此首先要按不同的专业，分别建立各专业的施工质量验收规范。在同一专业的范围内，由于施工性质基本相同或者比较接近，验收工作就容易可以相对。施工的专业尽管很多，但基本可以分为两个类型：“建筑”和“安装”。当然最终建筑工程的竣工验收，还必须集合所有专业施工验收的结果，而作出最终验收的结论。

2. 施工验收的层次

在专业的施工质量验收规范内，还可以进一步按不同的工种以及工序进行再划分，并按照施工顺序进行检查和验收。如果检查的数量太大或者延续的时间太长，则还可以继续划分为更小的批量进行检查和验收。这样整个施工验收的过程就可以有条不紊地进行了。

例如，混凝土结构专业的施工质量验收规范，就可以划分为模板（木工）、钢筋（钢筋工）、预应力（机械工）、混凝土（混凝土工）的不同工种和施工次序，以及施工后期现浇结构、装配结构的实体进行检查、验收。当验收工程量太大时，还可以继续划分为检查内容相同的检验批（例如每楼层为一批）进行验收。这样，最终混凝土结构工程施工质量的验收，就可以在这些量小而简单检查验收积累的基础上，得到最终的验收结论了。

3.1.2 施工规范的发展

1. 早期的施工规范

我国在20世纪60年代开始，就着手编制有关施工的标准规范。根据上述建筑工程施工的特点，按专业分工分别编制了各专业的《施工验收规范》。由于计划经济的影响，规范内容以控制施工行为为主，对于“内部评定”和“外部验收”并无严格区分。到70年代，为了协调“建筑”和“安装”两个不同类型的施工质量控制，并落实建筑工程最终的竣工验收，还在各专业《施工及验收规范》的基础上编制了《检验评定标准》。到80年代，合并“建筑”和“安装”两部分内容，上述《检验评定标准》改编为《检验评定统一标准》。

当时编制的施工类标准规范数量不多，列举如下：

《土方与爆破工程施工及验收规范》GBJ 4—64

《木结构工程施工及验收规范》GBJ 5—64

《钢筋混凝土工程施工及验收规范》GBJ 10—65

《砌体工程施工及验收规范》GBJ 14—66

《地基与基础工程施工及验收规范》GBJ 17—66

《钢结构工程施工及验收规范》GBJ 18—66

《建筑安装工程质量检验评定标准》TJ 301—74

《钢筋混凝土预制构件质量检验评定标准》TJ 321—76

《建筑安装工程质量检验评定统一标准》GBJ 300—88

……

2. 施工规范的改革

为适应改革和建筑市场开放的形势，促进技术进步并提升施工企业的素质和竞争能力。21 世纪初开始了我国工程建设标准规范体制的改革。对于施工规范而言，则提出了“验评分离、强化验收、完善手段、过程控制”的十六字方针。

为落实改革的目标，对传统的《建筑安装工程质量检验评定统一标准》GBJ 300—88 进行重大改造，重新编制了《建筑工程施工质量验收统一标准》GB 50300—2001，简称为《统一标准》。《统一标准》的编制组包括科研、管理、施工、监理、质监、检测等各方面的人员，具有较广泛的代表性。编制时间将近三年：第一阶段确定编制原则；第二阶段落实标准条款；第三阶段协调与其他标准规范的关系，并指导各专业施工规范的修订。

3. 统一标准的修订原则

《建筑工程施工质量验收统一标准》GB 50300 对我国施工规范的改革起到了重要的作用。根据改革的要求，确定统一标准的修订原则如下。

(1) 原《施工验收规范》及《检验评定标准》合并，筛选其中“验收”的内容，形成新的验收规范体系；

(2) 统一“建筑”和“安装”两方面所有各专业的验收层次、检查方式、人员组织、检验程序，作统一的表达；

(3) 在专业验收规范内，按检验批、分项工程、子分部工程划分验收层次，统一确定检查验收方案以及验收合格条件；

(4) 增加“见证检测”及“实体检验”等检查验收层次；增加现场管理和质量控制的检验的要求；

(5) 根据抽样检验的原理，在保证施工质量的条件下，增加了简化抽样检验的各种方案，以及非正常验收的处理方法。

4. 施工规范的改造

在《统一标准》的指导下，对原施工标准规范进行改造，编制了 14 本各专业的《施工质量验收规范》，最终形成了总计

15 本的建筑工程施工质量验收规范系列。与此同时，在原施工规范分离出“验收”的内容以后，又重新组织，配套编制了各专业系列的《施工规范》，供施工单位使用，实现施工过程中的质量控制，以满足“验收”的要求。此外，为了满足科学地对施工质量进行检查、验收，得到公正、客观的验收结论，还开发了许多新的试验、检测技术，并编制了相应的系列《试验检测标准》。当然在这些规范、标准下面，还编制了一系列下一层次的辅助性规程。

3.1.3 施工规范体系

1. 施工规范体系的形成

改革开放以来，在基本建设市场中引进了工程投标、项目管理、监理制度等市场规则。配合工程建设标准规范体制改革，根据“验评分离、强化验收、完善手段、过程控制”的原则，在 21 世纪初，进行了我国施工标准规范的改革。形成了在《统一标准》指导下，以“验收”为中心的施工标准规范体系。包括《施工质量验收规范》、《施工规范》、《试验检测标准》等配套的辅助规程和标准。

现在施工规范体系尽管仍有不完善之处需要继续改进，但已基本成形。建筑施工的从业人员应该对此有所了解，并关心这方面的进展。了解这个施工标准规范体系的变化，对于深入理解体制改革对改变施工质量控制模式的影响；以及《统一标准》在其中所起的作用；适应未来的变化，有很大的好处。

2. 施工规范的层次

以“验收”为中心的施工质量控制模式变化以后，施工规范体系中的规范标准总体上可以分为以下四个层次。

第一层次是《统一标准》，其是指导性的标准。规定了工程验收的基本原则以及竣工验收的方法，起到了总体控制规范体系的作用。

第二层次是各个专业的《工程施工质量验收规范》，这是在

《统一标准》指导下，落实各专业工程质量验收的具体执行性规范。这样的规范目前有十多本，将来随着建筑工程的复杂化，数量还会增加。

第三层次是《施工技术规范》和《检测方法标准》。前者通常简称《施工规范》，是为达到“验收”要求，落实施工单位对施工过程中质量控制而编制的。后者则是为得到公正客观的“验收”结论，满足科学地对施工质量进行检验的检测方法的系列标准。

第四层次是第三层次规范标准下面的辅助性技术文件，是为了在各种具体情况下应用更为方便而编制的。其内容可以更实际、更具体、更具可操作性。一般情况下，可以由施工企业制订《企业标准》来解决。属于施工系列的有《管理制度》、《工艺标准》、《施工工法》、《操作规程》等。为满足试验检测要求的系列有《试验方法标准》以及各种《检测规程》等。

3. 施工规范体系

根据建筑施工类各种标准规范的作用、层次，体制改革以后，建筑工程施工标准规范体系如图3-1所示。

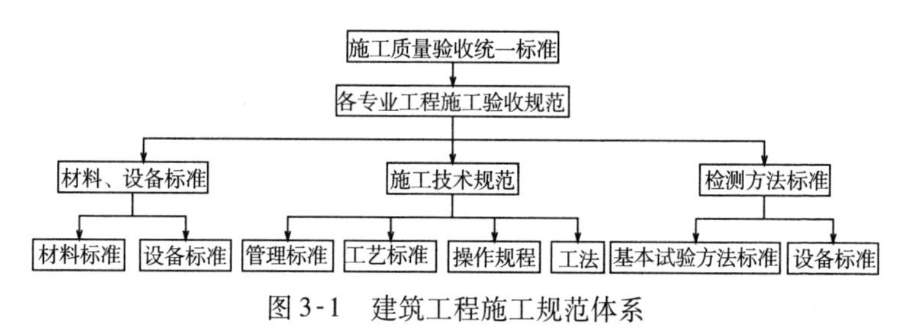

图3-1　建筑工程施工规范体系

3.1.4　统一标准的作用

1. 统一标准的指导作用

从图3-1可以清楚地看出《统一标准》在施工规范体系中的重要作用。尽管没有多少实际可操作的具体内容，但是其作为指导性标准起到了控制全局的作用。在建立以“验收”为中心的施工质量控制模式以后，《统一标准》的指导作用表现为：确定各专业验收规范的编制原则及验收模式的统一；落实建筑工程最终竣工验收的方法。现简介如下。

2. 专业验收的统一

建筑工程涉及许多“专业”，基本的专业有十多个。随着建筑功能的多样化及复杂程度的增加，还不断有新的专业加入。从施工性质上分类，这些专业的基本可以归纳为“建筑”和“安装”两类。由于专业性质的差异，在传统的施工规范中，各专业的施工控制和质量验收方法差别很大，基本是互不统属，各行其是。由于建筑施工时各个专业难免交叉、穿插，往往互相干扰。这就会影响施工效率，甚至引起质量缺陷。

编制《统一标准》的主要目的，就是要“统一”各专业的施工验收模式，以避免、减少矛盾，达到协调验收的目的。《统一标准》规定了统一的工程验收的层次（检验批、分项、分部）、验收组织（主持、人员、资质）、检验方式、合格条件等，对所有专业的施工验收都没有例外。因此，尽管实际工程中各个专业的施工形式及验收内容不同，但是“施工质量验收规范”的模式是一致的，这就使验收过程能够有条不紊，协调一致。

3. 竣工验收的需要

各专业的《施工质量验收规范》只解决本专业的施工验收问题，单位工程最终的竣工验收还必须有一本专门的标准规范解决。《统一标准》就起到了具体规定竣工验收方法的作用。在“统一”了各专业的施工验收模式以后，汇总所有专业的验收结果而进行最终的竣工验收，就容易得多了。但是为了保证最终的工程质量，《统一标准》还是规定了一些保证竣工验收的措施。例如竣工验收前“预验收-整改”的要求；“分包工程”的验收形式；在一定条件下“非正常验收”的规定以及“拒绝验收”的底线等。

3.1.5 统一标准的支撑体系

1. 验收的支撑体系

《建筑工程施工质量验收统一标准》GB 50300 尽管重要，但实际上只是一本指导性标准。其是高度概括通用性极强的标准，但是没有多少具体的可操作性，不能指望利用它就能够解决各专业施工中的具体问题。其也不能代替实际工程中的质量验收，必须有体系中下属不同层次的各种标准、规范、规程形成的支撑体系，才能达到目标。这个支撑体系共分三个方面，简介如下。

2. 专业验收规范

21 世纪初在《统一标准》公布实施以后，根据传统的做法及我国施工专业的划分，2001 年～2003 年在《统一标准》指导下陆续编制、公布了 14 本专业验收规范。这些验收规范可分为三类：其中五本为结构类的验收规范；四本为建筑类的验收规范；五本为设备安装类的验收规范。这三类规范中，由于专业性质的不同而互有差异，但在同一类型中的各本规范则具有相同的特点。学习理解时可以归纳、合并，作综合的考虑。今后，随着建筑功能多样化及复杂程度的增加，还可能补充编制新的专业施工质量验收规范。

3. 施工技术规范

在市场经济比较健全的发达国家，建筑工程达到质量指标的方法、手段等问题，通常由施工企业通过《企业标准》的方式解决。对于素质比较高的企业，这应该不成问题，反而能够促进其改进管理和促进技术进步。因此对于《施工技术规范》并无真正的需求，有些国家甚至没有真正意义上的《施工技术规范》。

但是我国受到长期强制性规范体制的影响，已经普遍形成了对标准规范的依赖性。加上市场经济不健全，建筑市场秩序比较混乱，还不能缺少必要的控制。而且我国大多施工单位的水平和素质不太高，还缺乏自主编制标准规范的积极性和能力。因此在我国还必须继续编制配套的《施工技术规范》。

21世纪初，在系列的《施工验收规范》公布实施以后，各专业《施工技术规范》的编制随即展开。原标准规范中由于“验评分离”而未能进入验收规范的内容，对于在施工过程中工程质量的形成，达到验收要求的质量指标仍是十分重要的。这些属于施工管理、工艺技术、控制措施、自检评定等的施工方法及手段性内容，经过整理、完善以后，编制成各专业的《施工技术规范》，简称《施工规范》。

例如，与《混凝土结构工程施工质量验收规范》GB 50204配套，编制完成了《混凝土结构工程施工规范》GB 50666。其他各专业的施工规范，也进行了类似的配套编制工作。此外，为了《施工规范》应用的方便，还编制许多下一个层次的辅助技术文件。例如，各种《管理标准》、《工艺标准》、《施工工法》、《操作规程》等。这些规范、标准、规程与《施工验收规范》配套应用，保证了我国建筑工程的质量。

将来，在我国建筑市场秩序比较正常，施工企业水平和素质提高的情况下，利用开发的先进技术和优良管理，编制作为无形资产和市场竞争的手段编制《企业标准》的积极性将大大提高。其时，《施工技术规范》的作用就会减小。除了极少量有关安全、环保、公益、健康、秩序的内容进入《施工技术法规》以外，有可能退化为推荐性标准，继续发挥指导中、小企业施工的作用。

4. 检测方法标准

由于历史的原因，传统施工质量控制主要依靠施工单位采用定性的方法自查，人为主观的影响太大，检查结论并不科学。为保证建筑工程质量“验收”的公正、客观，《施工验收规范》中纳入了较多定量检测的检查项目。因此，作为统一标准的支撑体系，还必须配置相应于检查验收的系列《检测方法标准》。

在我国，对于原材料、设备、产品等的质量检查，传统已经有成熟的试验检验方法。这些“基本试验标准”可以直接采用。例如《普通混凝土力学性能试验方法》GB/T 50083、《混凝土强度检验评定标准》GB/T 50107 等。此外，由于对建筑工程质量验收的需要，许多针对工艺质量或工程实体的检测技术也得到了迅速发展。这些检测方法，经过工程实践应用的检验而成熟以后，还往往编制成为各种试验检测的标准或规程。例如《回弹法检测混凝土抗压强度技术规程》JGJ/T 23、《混凝土结构试验方法标准》GB/T 50152、《混凝土中钢筋检测技术规程》JGJ/T 152 等。

近年这类试验-检测的标准、规程发展非常迅速，但是基本都属于非强制的推荐标准。而且这些规程良莠不齐，往往检测效果存疑，引起验收结论的分歧。因此实际应用时，应该注意以下几个问题。

（1）根据“自愿采用、自负其责”的原则，采用前应该对这些标准有相当的了解和一定的工程实践经验。不能盲目相信某些夸大其词不负责任的广告宣传。

（2）为避免工程质量验收结果的分歧，保证检测结论有效。应在事先通过合同或协议，确认所采用的检测规程和检查方案，以避免检测结论失去约束作用。

（3）对于不确定性比较大的检测规程，宜采用两种或两种以上的检测方法。并通过对检测结果的互相比对、校准，避免错判或误判。

（4）建筑工程有很大的地域性，由于各地条件差异，统一的规定往往并不准确。宜采用地方标准或以专用标准的形式应用。也可以通过系列试验比对、校准，建立专用的检测关系加以应用。

3.2　统一标准的修订

3.2.1　修订概况

1. 修订依据

《建筑工程施工质量验收统一标准》GB 50300—2001 公布实施以后，对于推动施工规范体制的改革，起到了积极的推动作用。由于改革是一个探索、完善的过程，其间也产生了一些需要解决的问题。因此《统一标准》应在原标准的基础上适时进行修订，加以改进。

根据原建设部建标［2007］125 号文件《关于印发〈2007年工程建设标准制订、修订计划（第一批）〉的通知》，2007 年开始对《建筑工程施工质量验收统一标准》GB 50300—2001 进行全面修订。

2. 修订组织

根据建设部的要求，由中国建筑科学研究院任主编单位，并组成了由科研、施工、监理、检测、质监、设计、管理、协会等各方面参编的修订组。修订组共计 14 人，具有广泛的代表性。

3. 修订过程

21 世纪以来，我国基本建设迅速发展，不仅规模、数量增长，而且建筑形式、施工技术、市场方式及质量管理等也有了很大的变化。因此在标准修订过程中，进行了广泛的调查研究；认真总结了近年来的经验；根据建筑工程发展的需要，对原标准进行了补充和完善。同时征求了各专业验收规范及其他有关方面的意见，与相关标准规范进行了协调。

经《征求意见稿》广泛征求意见和反复讨论、协调和认真修改以后，提出了标准的《送审稿》。送审稿经专家委员会审查，并根据审查意见反复修改以后，形成了标准的《报批稿》

上报建设部有关部门。2013 年 11 月 1 日，标准由住房和城乡建设部批准，2014 年 6 月 1 日正式实施。

4. 管理和解释

本标准由住房和城乡建设部负责管理，并对其中的强制性条文进行解释。具体技术内容则由中国建筑科学研究院负责解释。在执行过程中的意见和建议可以反馈给中国建筑科学研究院。地址：北京市朝阳区北三环东路 30 号中国建筑科学研究院，邮政编码：100013，电子邮箱：GB 50300@163.com。

3.2.2 修订原则及主要内容

1. 修订原则

本次修订是在各专业《施工质量验收规范》体系编制完成，相应《施工技术规范》改造也取得了很大的进展的条件下进行的。因此标准本身未作大的变化，仍以 2001 版《统一标准》作为基础；继续贯彻施工规范改革的十六字方针。根据近年情况和条件的变化，进一步推进“强化验收，完善手段”的原则；落实为更详细、可操作的规定，使标准具有更好“统一”和“指导”的意义。

2. 主要修订内容

（1）抽样检验模式的调整

工程质量的抽样检验有一定的偶然性，而为避免错判或漏判又要增加检验的工作量。为了提高检验效率，根据我国成熟的工程经验，在保证建筑工程质量的条件下，增加了在符合一定条件时，可以适当调整、减少抽样检验的方案。重复利用已有的检验成果；或者合并进行验收的各种方法，以减少抽样检验的数量。

（2）增加专项验收的要求

现代建筑技术发展很快；而且建筑的使用功能也呈多元、复杂化的趋势。因此，实际工程中往往出现现行验收规范没有规定的专门检查验收项目。为了解决这个矛盾，修订规范增加了相应的规定。对这种情况，可以由有关各方共同制定专门的专项验收项目，对检验方法和质量检查的要求作出具体规定，按特殊情况考虑解决。

（3）确定检验批抽样的最小数量

建筑工程的质量检查多采用抽样检验的形式解决。我国传统的抽样检验方法往往是由工程经验确定的比例抽样方式，人为主观的影响及检验的风险很大。为保证检验的科学性，根据统计学原理，本次修订增加了在检验批容量（数量）不同时，检查子样最小抽样数量的规定。在本条的指导下，今后各专业验收规范修订时，应考虑具体情况，对传统检验批抽样的最小数量进行适当调整。

（4）增加若干子分部工程

21 世纪以来，对建筑工程的施工要求有了新的变化；建筑的使用功能也大大地增加了。相应对建筑工程质量的验收的需要也有变化。本次修订增加了“建筑节能分部工程”，使分部工程数量由 9 个增加得到 10 个。子分部工程增加了“铝合金结构”、“土壤源热泵换热系统”等内容，子分部工程数量由 65 个增加到 88 个。

（5）修改若干分项工程的划分

由于上述变化同样的理由，分项工程的划分也有了很大的变化。根据实际工程的质量验收需要，修改了“主体结构”、“建筑装饰装修”、“通风与空调”等分部工程中分项工程的划分，适当增加了分项工程的数量。标准修订以后，分项工程的数量由 365 个增加到 612 个。

（6）增加计数抽样判定的方法

定性检验往往采用计数的形式进行判断。即在确定检验批样本容量（总数）的条件下，根据检查子样的情况（不符合检验指标的数量），判断整个检验批的合格与否。传统施工验收往往不论检验批的大小，采用确定的检查合格点率判定合格与否。这种做法并不科学。根据统计学原理，本次修订增加了在样本容量（数量）不同时判定合格与否的方法。包括在正常情况下一次抽样检验，以及在一定条件下二次抽样检验判定的方法——复式抽样检验方法。

（7）增加竣工预验收的规定

为了真正保证建筑工程的施工质量，补充、完善了最终单位工程竣工验收的规定。修订标准规定：在正式的竣工验收之前，施工单位应进行自检、预验收、整改、提交工程竣工报告、申请验收等规定步骤。这种做法强调了施工单位在质量控制中的重要作用，严格了施工质量验收，保证了工程质量。

（8）规定勘察单位参加单位工程验收

建筑工程质量验收的主体是建设单位（使用方面）和施工单位（建造方面）。在市场经济条件下，监理是建设单位的代表，因此也必须参加验收。但是设计单位和勘察单位为满足建设单位对使用的要求，提出了具体的质量要求，因此在验收过程中也是不可缺少的。原标准对勘察方面的作用考虑不够，往往也会出现问题。修订标准增加了勘察单位应参加最终单位工程验收的规定。

（9）保留批验收检查原始记录

《统一标准》规定的建筑工程施工质量检查验收有很多层次，但是只有在检验批层次上的检验才是实际在现场进行的真正检查。因此检验批的检查验收是整个质量验收体系的基础，必须真实而且完整。修订标准规定：检验批检查应该形成现场检查记录；而且这些检查的原始记录必须妥善保留。目的是为了便于以后溯源查找。我国传统施工资料保留、管理不善，往往给以后事故处理、加固改建造成很大的麻烦，这种教训应该认真汲取。

（10）资料缺失时的解决方法

《统一标准》规定的建筑工程施工质量验收方式，大多数都是采用资料检查的方式进行的。修订标准中，对于各个层次上有关工程质量控制资料都提出了非常详细而具体的要求。因此，工程质量控制资料应该齐全完整，质量验收才能顺利进行。万一当有部分资料缺失时，应委托具有相应资质的检测机构，按有关的《检测标准》直接在工程实体上进行抽样检验或进行其他形式的检验。以检验结果的文件补充缺失的资料，就可以完成验收了。

4 总则、术语

标准规范都有固定的格式、体例，其开头两章一定是“总则”和“术语”（有时还包括“符号”）。第1章“总则”是指引性内容；第2章“术语”则表达在本标准规范内经常使用的专用名词——术语（符号）。

4.1 总则

总则只表达3方面的内容：

（1）标准规范的编制目的；

（2）标准规范的应用范围；

（3）与其他标准规范的关系；包括本标准规范的编制依据及与相关标准规范的关系。

4.1.1 标准编制目的（第1.0.1条）

《统一标准》第1.0.1条是标准的编制目的：“为了加强建筑工程质量管理，统一建筑工程施工质量的验收，保证工程质量，制定本标准。”

这一条高度概括了编制本标准的目的：加强管理，统一验收，保证质量。但并不是可执行性的条款，而只表达了原则性的内容，比较空洞。作一般理解即可。

4.1.2 标准的应用（第1.0.2条）

《统一标准》第1.0.2条是标准的应用范围：“本标准适用于建筑工程施工质量的验收，并作为建筑工程各专业验收规范编制的统一准则。”

这一条应该重点理解两个问题："统一"和"验收"，下面作详细解释。

1. 统一验收模式

建筑工程的施工涉及各种专业，由于各专业性质不同，传统施工验收的方式相差很大，往往引起不协调，甚至矛盾。为此，本标准统一规定了适用于各专业施工验收的模式，包括验收层次、验收组织、验收人员、验收方式、合格条件、特殊问题的处理等。在这个统一准则指导下编制的各专业系列验收规范，具有基本相同验收的模式。就可以在施工过程中减少互相矛盾，比较好地协调施工控制和质量验收了。

2. 单位工程验收

在统一了各专业系列的验收规范以后，还存在单位工程竣工验收的问题。在各专业验收的基础上，本标准规定了单位工程竣工验收的方法。包括单位工程验收的准备阶段，验收组织、验收人员、验收方式、合格条件等。特别强调了施工单位预验收的问题。

4.1.3 标准的关系（第1.0.3条）

《统一标准》第1.0.3条是与其他标准规范的关系："建筑工程施工质量验收，除应符合本标准要求外，尚应符合国家现行有关标准的规定。"

这里标准的相互关系有两类："依据标准"和"支撑体系"。前者是编制本标准和进行施工质量验收时，必须服从的标准。而后者是进行施工质量验收时，必须依靠或应用的其他标准规范。

1. 依据标准

建筑工程施工的目的就是为了满足设计所要求的质量状态。因此，各专业的施工质量验收规范都应该服从相应各专业"设计规范"的要求。而统一标准就应该服从指导这些专业设计规范的《建筑工程可靠性设计统一标准》GB 50068的要求。因此编制本标准的依据是各专业设计规范以及可靠性设计统一标准。

2. 支持体系

统一标准是指导性标准，其还必须有各层次、许多标准规范形成体系的支持，并与之协调。通过这些标准规范的执行，才能真正发挥作用。

4.2 术语

4.2.1 基本概念

1. 术语（符号）的意义

第2章“术语”则表达在本标准施工质量验收范围内经常使用的专用名词——术语。这些术语含有技术方面的丰富内容，在“术语”中定义介绍清楚以后，在标准的内容中将反复出现，就不再作重复的解释了。

在计算性内容比较多的标准规范中，还须列出标准规范范围内经常出现的“符号”。在第2章“术语与符号”中介绍清楚以后，往往在标准规范的计算公式中就不再标明了。本标准由于没有计算公式的有关内容，因此不再专门介绍“符号”。在标准内容中少量出现的符号，就地解释就可以了。

2. 术语的作用

一般从业人员对“术语”并不重视，甚至基本不看或者从不认真研究、体会。事实上，与一般非技术人员对某些问题的理解不同，“术语”所定义的技术概念非常重要，而且有标准规范作为依托，具有很大的权威性。对于工程质量验收这种容易引起意见分歧的工作，标准规范中“术语”的作用就尤为明显。

例如，验收标准规范中就有“缺陷”、“一般缺陷”、“一般项目”、“计数检验”、“验收”等术语。这些术语表明，建筑工程质量是允许有“缺陷”存在的；“一般缺陷”对应的“一般项目”的检查；其“计数检验”的百分点率达到一定程度就可以合格“验收”。因此验收合格的建筑，是完全可以存在“缺陷”的。正如学生考试60分就能够合格的情况一样：检查缺陷的百分点率如果达到40%，仍然可以升级、毕业，成为合格的人才。其中的道理完全是相同的。

这对于某些媒体在宣传中称：“建筑不能有毛病，房屋不能有缺陷……”的谬误言论；混淆“缺陷”和“事故”的不同等是最有力的否定。现在，某些舆论误导民众对工程质量期望值过高；往往提出不切实际的无理要求。加上某些领导对这种行为的迁就，往往干扰正常的建设和检测工作。为此，可以根据标准规范中对于“术语”的定义进行解释。由于这种解释具有行政强制的背景，比较强有力，往往能够减小解决问题的阻力与难度。因为质量问题的最终解决是依靠标准规范，而这绝不是舆论导向和行政干预所能够左右的。

4.2.2 相关标准规范

统一标准仅列出了有关施工质量验收的主要术语。表达术语的含义主要参考了以下的国家标准：

《建筑结构设计术语和符号标准》GB/T 50083；

《质量管理和质量保证术语》GB/T 6583；

国家有关统计、检验方法的系列标准；

……

在参考上述各个标准的同时，对于在本标准指导下各专业验收规范中表达的术语，在必要时也可以引用。这些术语在本标准中就不再重复列出，以简化表达。

本标准列出了重要的施工质量验收术语共计17个。大体可以分为4类：建筑工程的检查验收；检查验收方式；检验结果的判断；检验缺陷的处理。下面分别介绍。

4.2.3 施工质量验收术语

1. 检查验收类术语

（1）建筑工程（第2.0.1条）

本条从施工质量验收的角度，对“建筑工程”作出定义。“通过对各类房屋建筑及其附属设施的建造和与其配套线路、管道、设备等的安装所形成的工程实体。”这就明确了施工验收的对象以及验收的范围。

（2）验收（第2.0.7条）

本条定义了施工质量验收的核心内容：“建筑工程质量在施工单位自行检查合格的基础上，由工程质量验收责任方组织，工程建设相关单位参加，对检验批、分项、分部、单位工程及其隐蔽工程的质量进行抽样检验，对技术文件进行审核，并根据设计文件和相关标准以书面形式对工程质量是否达到合格做出确认。”

这个定义改变了传统施工质量主要依靠施工单位对施工行为及方法检查为主的质量控制方式。转变为以“相关单位”进行“检验”和“审核”，作出“是否合格的确认”。这种从“自我评定”到“各方验收”的改变，也正是为了适应市场经济条件下对工程质量的要求。当然，作为形成工程质量主体的施工单位，也提出了“自检合格”作为验收基础的要求，这也强调了施工单位在质量控制中的重要作用。本条是施工类标准规范改革的核心，也是本《统一标准》编制的目的。

（3）检验（第2.0.2条）

为落实工程质量的“验收”，必须对施工的质量效果进行检查、验收。本条对施工质量的检验作出了定义：“对被检验项目的特征、性能进行量测、检查、试验等，并将结果与标准规定的要求进行比较，以确定项目每项性能是否合格的活动。”这是执行所有施工质量检查和验收活动的依据。

（4）进场检验（第2.0.3条）

建筑施工质量需要外界各方的验收，同样施工单位采用外来的原料、构配件和设备，也需要通过检查而进行验收，以保证应有的质量。本条对相应的“进场检验”作出了定义：“对进入施工现场的建筑材料、构配件、设备及器具，按相关标准的要求进行检验，并对其质量、规格及型号等是否符合要求作出确认的活动。”

（5）见证检验（第2.0.4条）

为了保证对实际工程检验的公正和客观，有些重要的检验项目还必须由施工单位以外的代表在场进行抽样，并由第三方进行检验。本条对这种“见证检验”作出了定义，并指导了各专业质量验收规范的具体执行：“施工单位在工程监理单位或建设单位的见证下，按照有关规定从施工现场随机抽取试样，送至具备相应资质的检测机构进行检验的活动。”

（6）复验（第2.0.5条）

目前我国建筑市场的秩序不理想，丧失职业道德的诚信缺失现象时有发生。施工单位采用外来的原料、构件和设备等产品都会有“合格证”或相应的质量保证文件。但是在目前诚信缺失的情况下，这并不能保证应有的质量，而且可能存在的缺陷还会对后续的施工质量造成巨大影响。因此对于进入施工现场的这些产品，必须从源头上进行再次检验。这就是“复验”。

本条定义了“复验”的概念：“建筑材料、设备等进入施工现场后，在外观质量检查和质量证明文件核查符合要求的基础上，按照有关规定从施工现场抽取试样送至试验室进行检验的活动”。

2. 检验方式类术语

（1）检验批（第2.0.6条）

建筑工程是包括不同性质专业，并且工程量十分庞大的复合体，因此其施工质量检查-验收的内容非常复杂，而且数量巨大。复杂问题可以逐步分解为相对简单的许多问题；数量巨大的检验工作也可以通过许多相对较小的检验累计而得到完成。根据这个原则分解的建筑工程检查验收的最小单位就是“检验批”。

本条定义了“检验批”的含义：“按相同的生产条件或按规定的方式汇总起来供抽样检验用的，由一定数量样本组成的检验体”。确定检验批的原则是：批内的质量相对比较均匀（相同的生产条件），这就使抽样检验结果具有代表性。同时抽取样本的数量应该适当：太少会缺乏代表性；太多则会增加检验工作量。在不同专业的施工质量验收规范中，对于不同的检验项目，都明确规定了检验批的数量和抽样检验的方法。实际的检验原则是，力求以较小的抽样检验工作量，准确反映检验批真正的质量状态。

（2）主控项目（第2.0.8条）

对建筑工程施工质量的各种检验项目，质量要求的程度是有差别的。对重要、关键质量有决定性影响的项目，必须从严要求：不能有严重缺陷，这就是“主控项目”。本条对主控项目给出了定义：“建筑工程中对安全、节能、环境保护和主要使用功能起决定性作用的检验项目。”

落实到统一标准指导下的各专业施工质量验收规范，都要求挑选对安全、环保、节能和主要使用功能有决定性影响的项目，作为有否决作用的“主控项目”单独列出，严格检验要求。一旦检查发现有关的缺陷，就不能验收。

（3）一般项目（第2.0.9条）

统一标准规定：一般项目是“除主控项目以外的检验项目。”这意味着除了“主控项目”以外，还允许存在对安全、环保、节能和主要使用功能没有决定性影响的“一般项目”。对一般项目的检查，是允许存在“一般性缺陷”的。当然对于这个检查项目，也还有一定的质量要求。即对于缺陷的性质和数量有限制的指标，表现为“缺陷百分点率”和“极限质量”的要求。这个要求对于各专业施工质量验收规范都是适用的。

（4）观感质量（第2.0.15条）

我国传统对施工质量的检验往往采用目测观察的方式进行

判断。这种对于“观感质量”的检验方式比较简单，但是检查的覆盖面比较广，可以提前发现将来用户可能提出的缺陷而通过整改加以消除，因此有继续采用的必要。本条规定了“观感质量”的定义：“通过观察和必要的测试所反映的工程外在质量和功能状态。”

在各专业施工质量验收规范的一定检验层次中，往往都有采用这种观感质量的检验方式。

3. 检验判断类术语

(1) 抽样方案（第2.0.10条）

在按检验批进行某些项目的施工质量检验时，一般由于工程量比较大而不可能全数检查，而只可能进行抽样检验。在被检验的母体（检验批）中抽取子样（试件）的数量和抽样的方法，应根据被检项目的特点，被检验母体质量的波动情况，以及检验工作量的大小确定。本条给出了建筑工程施工质量检查验收“抽样方案”的定义：“根据检验项目的特性所确定的抽样数量和方法。”

在统一标准指导下的各专业验收规范和不同的检验项目，应根据这个基本原则，确定适当的抽样方案，进行检查、验收。

(2) 计数检验（第2.0.11条）

在建筑工程施工质量的检查验收中，对应于没有决定性影响的“一般项目”，是允许有缺陷存在的。但是必须有数量的控制，达不到质量要求的“不合格”检查试件，数量应该得到控制。这种通过限制缺陷数量，确定检验结论的方法，称为“计数检验”。例如，外观质量的检查就是计数检验。本条对施工质量检查验收的“计数检验”给出了定义：“通过确定抽样样本中不合格的个体数量，对样本总体质量做出判定的检验方法。”

(3) 计量检验（第2.0.12条）

施工质量的检查验收中，有些项目的检查是可以通过检验量测数据的分析，与要求指标的比较而确定验收结论的。数据分析的结果，可为平均值、特征值或推定值。这种通过检测数据分析而判断验收结论方法，称为“计量检验”。本条对施工质量检查验收的“计量检验”给出了定义：“以抽样样本的检测数据计算总体均值、特征值或推定值，并以此判断或评估总体质量的检验方法。”

（4）错判概率（第2.0.13条）

施工质量是随机变量，大多呈某种概率分布。只有很大的抽样检验数量，才能求得比较准确的分布特征参数。一般有限的抽样检验就难以避免偶然性带来的风险。对于生产方的风险，是合格的检验批被判为不合格。这种风险的概率为“错判概率”。本条对施工质量检查验收的“错判概率”进行了定义：“合格批被判为不合格批的概率，即合格批被拒收的概率，用 a 表示。”

采用比较好的抽样检验方案或者增加抽样检验的数量，都可以减小错判的概率，但是错判概率不可能为零。亦即在任何情况下，生产方的风险都是难以避免的。各专业验收规范和不同的检验项目，应根据具体情况确定适当的抽样检验方案和检验数量，尽力降低错判的概率，减小生产方的风险。

（5）漏判概率（第2.0.14条）

同样的道理，一般有限的抽样检验就难以避免偶然性带来用户方面的风险。对于用户的风险，是不合格的检验批被判为合格。这种风险的概率称为“漏判概率”。本条对施工质量检查验收的“漏判概率”进行了定义：“不合格批被判为合格批的概率，即不合格批被误收的概率，用 β 表示。”

采用比较准确的抽样检验方案或者增加抽样检验的数量，都可以减小漏判的概率，但是漏判概率不可能为零。亦即在任何情况下，用户的风险都是难以避免的。各专业验收规范和不同的检验项目，应根据具体情况确定适当的抽样检验方案和检验数量，尽力降低漏判的概率，减小用户方的风险。

4. 缺陷处理类术语

（1）返修（第2.0.16条）

一般情况下施工质量有缺陷是难免的，但是通过在施工过程中的修复，就可以在检验批的层次上消除这些缺陷。消除这些缺陷以后，满足质量要求的检验批仍然可以通过验收。这种“非正常”验收的方式，既能够保证应有的工程质量，又避免了生产方面的损失。传统施工规范对不符合质量要求的情况没有给出处理的方法。这种“不给出路”的做法往往带来不良后果。为此，本条对施工中的“返修”正式进行定义：“对施工质量不符合规定的部位采取的整修等措施。”《统一标准》正式肯定了“返修”这种非正常验收的方式，受到了施工单位的欢迎。

（2）返工（第2.0.17条）

同样的道理，对于比较大的施工质量缺陷，也可以通过在施工过程中的返工，在检验批的层次上消除这些缺陷。消除缺陷以后，能够满足质量要求的检验批仍然可以验收。这也是“非正常”验收的方式，能够在保证工程质量的情况下，避免生产方面的损失。本条对施工中“返工”的定义为：“对施工质量不符合规定的部位采取的更换、重新制作、重新施工等措施。”通过定义，《统一标准》正式肯定了非正常验收中“返工”的合法性，受到了施工单位的欢迎。

5 基本规定

5.1 基本规定的作用

5.1.1 基本规定的作用

所有标准规范的第一、二、三章都为“总则”、“术语符号”、“基本规定”，这是固定不变的格式。而第三章“基本规定”一般都是标准规范的核心，即整个标准规范的纲领。其阐述编制原则，介绍整体思路，作出统一规定……总之“基本规定”是纲，“纲举目张”。标准规范以后各章的内容，只不过是第三章“基本规定”的展开和具体化而已。

因此，学习技术性的标准规范，一般都应该首先仔细研究、深入理解第三章“基本规定”的内容。在此基础上再按标准规范的逻辑，依次学习以后各个章节，并不时返回第三章的有关部分认真体会。这样反复阅读，才能对标准规范有比较深入的理解。

5.1.2 施工质量验收的基本规定

作为《统一标准》的大纲，第三章“基本规定”的内容共计 10 条。主要表达以下四个方面的内容：

第 3.0.1、3.0.2 条表达对施工质量管理的检查；

第 3.0.3 ~3.0.5 条则为施工质量控制及检验的要求；

第 3.0.6、3.0.7 条规定了工程质量验收合格的条件；

第 3.0.8 ~3.0.10 条则介绍了各种抽样检验的方法。

5.1.3　统一标准的逻辑思路

《统一标准》的整体思路，是首先介绍作为基础的“术语”和“基本规定”；然后再依次落实“验收的划分”、“验收合格的条件”、“验收的程序和组织”；最后归纳为建筑工程的“竣工验收”。

这种简单、清晰的逻辑思路，完全符合一般人的思维习惯。因此《统一标准》只用了很少的篇幅（53条，约6500字），就将建筑工程施工质量验收的主要方式作出了清楚的交代。作为指导性标准，还起到了统一各专业施工质量验收规范的作用。

5.2　施工质量管理

5.2.1　施工管理的要求（第3.0.1）

1. 企业承担施工的条件

（1）施工企业的能力

建筑施工是复杂的系统工程，不仅工作量大，而且涉及很多专业和工种，在施工过程中互相交叉、穿插，因此十分繁琐。尤其是现代建筑体量越来越巨大，功能越来越繁多，造成施工的难度越来越大。这就对施工单位提出了一定的要求，没有足够的条件和能力，是很难承担这样复杂而艰巨工作的。因此，在施工之前，就要对承担施工任务的企业进行考察。这种考察分为两个方面：硬件（装备条件）和软件（管理水平）。下面分别介绍。

（2）硬件——装备条件

我国古语“工欲善其事，必先利其器”。同样的道理，企业要想承担建筑工程的施工任务，必须有相应的配套施工装备，这是对施工单位“硬件”的要求。装备条件分为两个方面：常规设备和专用设备。

常规设备为运输车辆、吊装设备、搅拌机、振捣器、焊接设备等。我国传统施工单位为劳动密集型企业，装备条件比较薄弱。近年随着国力提升，装备条件大有改善。一般施工企业的施工机具都已经相当完备，按人均的装备能力（千瓦/人）多已达到了相当的水平，已经不比发达国家差多少了。

专用设备为进行某些高难度施工而需要的专门设备。例如，吨位巨大的超重运输车辆、超高大跨的吊装设备、各种恶劣环境和不利工况条件下的施工机具等。尽管这些专用设备实际上很少应用，但是在进行特殊建筑施工时，也是必不可少的。我国现在已经有能力制造这些复杂的专用设备，第1章中图1-2所列的工程，都是采用了这些特制的专门施工机具才能够建成的。这标志着我国施工装备条件已经达到了世界先进水平。

（3）软件——管理水平

施工企业的管理水平是其软件的条件。尽管我国施工行业的装备条件已经有了很大的改善，但是作为软件的管理水平却还差得很多。由于长期计划经济形成僵化的标准规范体制和从业人员的依赖性，建筑业软实力低下大大影响了我们的竞争能力。这是需要认真对待的。因此，除了进行标准规范体制改革（包括施工类标准规范体系改革）以外，为了保证建筑工程的施工质量，在《统一标准》中还提出了对承担施工任务的施工企业进行软件检查的要求，即对管理水平检查的要求。

施工现场的质量“管理”按理说并不属于工程质量“验收”的范畴，而只是对施工单位软件方面的要求。但根据编制本标准的原则及“管理”对施工质量的重要影响，仍然提出检查认证的规定。这是技术规范与管理标准互相结合的结果，符合我国的国情。这种做法带有资格认证的性质。《统一标准》第3.0.1提出，任何施工单位及其施工现场，作为质量管理的最起码要求，必须做到“三有”：“有机构”、“有标准”、“有制度”。

2. 质量管理机构健全

标准要求：“施工现场应具有健全的质量管理体系”，这是质量管理的组织落实。“有机构”是指每一施工现场均应有健全的质量管理体系，做到检验人员的组织落实。因为任何现场管理和质量控制都是需要有组织起来并分工明确的人员来完成的。这里应该强调“健全”二字。其表明不仅要求质量管理机构严密，而且实际上还能够有效地运行，真正发挥应有的作用。

施工企业应该建立专门的质量管理机构：例如技术科、质量检验科等；这些机构与生产部门应该相对独立；并且应配置有一定数量和资质的专职人员。从事实际施工的生产部门，可以有质量员并进行质量的自我检查。但是这种自检只能作为参考。只有与生产部门利益无关的专职人员对施工质量的检查，才能比较公正和客观。这样生产部门和检验部门的互相制约，相辅相成才能真正保证工程质量。

3. 施工标准规范配套

标准要求：“施工现场应具有配套的施工技术标准”。“有标准”是指应该拥有与现场施工相关的所有标准规范，这是进行工程质量验收的最基本的条件，其必要性毋庸置疑，这是质量控制的技术落实。建筑工程的施工工艺、施工技术、操作行为都应该受到有关施工标准、规范的指导和约束，施工质量才能得到保证。因此，现场的施工人员起码应该有与其从事工作有关的全部标准、规范。

很难想象，没有施工项目所必需的配套标准、规范，现场施工依靠什么来指导各种施工行为。我国历史上，“大跃进”和“文化大革命”时期，曾经有“敢想敢干”而不顾标准规范的行为，造成了很大的损失，这种教训必须汲取。具有配套的施工技术标准、规范，并且认真地在施工中执行，这是每一个从业人员应有的基本素质。

4. 有效的质量管理制度

标准要求：“施工现场应具有有效的质量管理制度”，这是保证质量的行动落实。制度是指导有关人员进行实际工作的具体措施。因为标准、规范的规定一般比较概括，只有转化为更具有可执行性的各种制度才能够具体执行。标准要求施工企业应该有落实到每一个检验人员的责任制度，有制度才能实现对施工全过程的有效控制。

“有制度”是指有能够保证施工质量的完善的质量管理制度，包括检验制度和评定考核制度两个方面。

（1）施工质量检验制度

施工质量控制应该包括从原材料进场到最终竣工验收的整个过程。其中经历的每一个施工工序都可能对工程质量造成影响。因此，必须建立严密的施工质量检验制度。即对于各施工环节都应该有明确的检查验收制度的规定，实现对工程质量的“过程控制”。与传统规范不同的是：以前着重于对施工工序中的“行为控制”，而现在则着眼于施工工序以后的“质量检查验收”。两者的侧重不同，而在市场经济条件下，后者更为有效。

（2）施工质量水平综合评定考核制度

尽管修订标准强调了“验收”的重要性，但是形成施工质量的真正主体还是施工企业本身。因此，施工方面的“自检”是验收的基础。《统一标准》从未轻视对施工企业在质量控制方面的作用。标准规定：施工企业还必须有单位内部进行质量控制的评定、考核制度。

这种企业内部对施工质量自检的“评定”结果，是外部质量“验收”的基础；同时也是企业内部进行考核的依据。因此，评定考核制度对于改进施工管理水平，保证建筑工程的质量和提高企业素质，都是很有好处的。

5.2.2 施工质量管理的检查（附录A）

1. 检查的必要性

为达到上述对施工质量管理的要求，还必须落实为对施工现场进行必要的检查。为此，《统一标准》的附录A以检查记录的形式，提出了检查的具体要求。无论投标的结果如何，实际的施工现场还必须由监理等方面从外部客观的角度，进行施工质量管理的检查。承担工程项目的施工单位，如果不能满足起码的质量管理要求，就不能开工。必须限期改进，直到满足要求，最后作出符合要求的结论，才可以作为开工的条件。

2. 检查人员

施工质量管理的检查具有外来“验收”的性质。检查人员的要求如下：

建设单位：项目负责人必须参加；

设计单位：项目负责人必须参加；

监理单位：总监理工程师必须参加；

施工单位：项目负责人和项目技术负责人必须参加。

3. 检查内容

核实工程名称和施工许可证号；

项目部的质量管理体系；

现场质量责任制：质量分工、责任落实、定期检查、质量评审、人员奖罚等；

主要专业工种操作岗位证书：人员资质证明、主要专业工种的上岗证书等；

分包单位管理制度：承包资质、分包单位的质量、技术管理制度等；

图纸会审记录：审查报告、图纸会审、技术交底、施工设计、工序交接等；

地质勘察资料：地质勘察报告、地下部分施工方案等；

施工技术标准：包括企业标准，作为质量检查、评定、验收的根据；

施工组织设计、施工方案的编制及审批：总平面图、计划进度、技术措施、安全质量等；

物资采购管理制度；

施工设施和机械设备管理制度：材料、设备的存放、管理制度等，应能满足施工要求；

计量设备配备：计量精度、管理制度等，应能满足施工要求；

检测试验管理制度；

工程质量检查验收制度：进场检验计划及各工序检验、竣工检验的规定等；

……

4. 检查形式

一般施工质量管理检查在开工前进行。先由施工方面进行自检，并填写表格。在认为达到要求以后，再由监理方面主持，建设、设计、施工等方面参加，按要求进行逐项检查，核实检查的主要内容及检查结果。

一般一个工程的一个标段、一个单位工程只在开工前检查一次。如分段施工、人员更换或管理工作不到位时，可再次检查。如检查不符合要求，施工单位必须限期整改。检查通过以后才允许开工。

5. 检查结论

通过检查，在认为各项检查都达到目标，能够满足实际工程的施工质量管理要求以后，共同签字确认。施工单位项目负责人在自检结果栏目中签字；总监理工程师在检查结论栏目中签字。检查记录存档，作为开工的依据。

5.2.3 外部监督的要求（第3.0.2条）

1. 外部监督的必要性

前面已经反复强调了施工类标准规范改革的关键是：由施工单位对施工行为内部“评定”的控制，转变为以有关各方通过外部“验收”对工程质量的确认。计划经济时代，在统一全民所有制的条件下，“责任”、“权力”、“利益”并不太计较。因此，施工规范的主要内容多为对施工质量的“评定”。

传统的施工活动中，建设方面参与施工质量管理的往往只是技术力量薄弱，层次比较低的“基建科”，或者临时组织一个“基建处”或者“指挥部”之类的临时性机构实施管理。由于其没有能力真正地代表建设方面的长久利益，因此对工程质量控制的作用也极其有限。由于缺乏外部力量的监督，建筑工程的施工质量往往很难得到有效的控制。这种做法是造成我国传统建筑工程施工质量不高的重要原因。

但是在市场经济的条件下，建设方、勘察设计方、施工方在施工质量控制中的责、权、利是泾渭分明，十分明确的。因此为了保证工程质量，作为外部监督的“验收”必须严格执行。因此在《统一标准》指导下，现在的施工规范大大强化了对施工质量外部监督——“验收”的要求。

2. 监理单位的作用

建筑工程施工的主要参与者有 3 个方面：作为业主和使用者的建设单位；提供建设目标的勘察设计单位；实际操作将设想变为现实的施工单位。建设单位作为建筑的主人，应该是工程质量验收的主体；而勘察设计单位受到委托，应该协助建设单位检查，以保证设定的质量；施工单位是实际形成工程质量的主体，其虽然参与验收，但主要处于被检查和被验收的地位。

建筑市场开放和建筑物成为商品以后，建设单位对于施工质量的验收更加重视。但是其不可能长期设置一个专业的施工质量监督机构，用以保证工程质量。因为一旦工程结束，建筑物竣工验收而投入使用以后，这种专业机构就没有存在的必要了。市场经济发展并参考国外的做法，我国开始实行建筑投标和施工监理的制度，以求解决上述困难。建设单位可以不用设置专门的施工质量监督机构，而采用通过合同聘请“监理公司”代表自己，执行对建筑工程施工质量监督的任务。

由于监理公司是专门从事施工质量监督、检查、验收的单位，拥有足够的技术条件和专业人员。完全可以代表建设单位的利益，作为施工质量验收的一个方面参与“验收”，完成控制施工质量的任务。因此在市场经济条件下，采用市场手段解决并加强了对施工质量的外部监督。在《统一标准》指导下的所有施工验收规范，都十分重视“监理”的作用。

3. 建设单位的监理作用

但是情况也有例外。在我国，有些建设单位是拥有巨大实力的综合性企业。其本身就具有对建筑工程施工质量进行监督、检查、验收的技术条件和人员。因此其不依靠监理，完全有能力成立自己的施工质量监督的专业机构，用以保证自身建筑工程的质量，这是完全允许的。

因此本次标准修订，新增了第3.0.2条："未实行监理的建筑工程，建设单位相关人员应履行本标准涉及的监理职责。"这意味着并不强行规定所有的工程都必须聘请监理公司的形式进行工程质量的监督。但是建设单位必须设置专门机构，派出相关人员，履行相当于"监理"应有的职责。

最后强调"监理"必须具备的条件：一是应该具有相应的资质等级，这是对于监理能力的要求；二是与被监理工程的施工承包单位没有任何隶属关系，或者其他利害关系，这是为了落实监理的公正和客观。

5.3 施工质量控制及检验

5.3.1 施工质量的控制（第3.0.3条）

1. 施工质量的过程控制

建筑工程的质量是在施工过程中形成的。真正的质量是"干"出来的，而不是"查"出来的，检查结果只能是对质量状况的反映而已。因此为了保证工程质量，必须对施工的全过程通过检验进行控制。这就是施工标准规范改革十六字方针中"过程控制"的要求。《统一标准》为落实这个原则，标准的第3.0.2条根据全过程质量控制的思路，提出了通过三种检查验收的形式来控制施工质量：材料、设备的进场验收；自检和交接检；重要工序的检验。

2. 进场检验（复验）

首先，从源头上就应该通过检验保证质量："建筑工程采用的主要材料、半成品、成品、建筑构配件、器具和设备应进行进场检验。凡涉及安全、节能、环保和主要使用功能的重要材料、产品，应按各专业工程施工规范、验收规范和设计文件等规定进行复验，并应经监理工程师检查认可。"

施工单位的工程质量要接受"施工验收"的检验；同样施工单位采用的原料和设备是其他单位的产品，由于其对工程质量在源头上有举足轻重的影响，也应通过检查进行验收。与原标准比较，"现场验收"改为"进场检验"，强调了"检查"的重要性。进场检验的执行，主要有三种形式。

（1）质量证明文件的检查

一般情况下，应根据订货合同和产品的合格证明文件进行进场检验。进场检验方法是核查供货方提供的资料：包装、标志、合格证、质量保证书、检验报告、说明书、环保及消防部门出具的认可文件等。同时观察检查进场产品的外观质量、尺寸、外形和数量等。未经检验或检验达不到规定要求的应该拒收。

（2）产品（材料）的复验

对重要的原料和设备，还应根据相应的标准规范的规定和设计要求进行复验。对涉及安全、节能、环保和主要功能的材料、产品，由于其特殊的重要性，除检查产品合格证明文件以外，还应抽样进行复验。复验批量的划分、抽样比例、试验方法、质量指标等根据相应标准规范和设计要求进行。复验的目的是为了防止作伪造假，避免混料错批。有些建筑材料还有时效的影响（如水泥3个月后的潮解、结块现象等），必要的复验是必须进行的。

近年各验收规范修订对"复验"的项目增多。这是因为对建筑工程质量的要求提高了；使用功能的实际需求也有所增加。还因为近年建筑市场的秩序比较混乱，丧失职业道德的诚信缺失现象时有发生，不得不采用加强“复验”的形式来保证工程质量。

例如，钢筋产品标准就允许存在 ±4% ~ ±7% 的重量偏差；带肋钢筋的基圆面积率为 0.94 左右；而调直时又允许拉长 1% ~ 4%。在这种情况下“瘦身钢筋”还要冷拉伸长 20% ~ 30%。钢筋截面积减小对结构安全隐患的影响不难想象。因此根据我国的国情，修订相应的验收规范，增加钢筋“称重”的“复验项目”就是完全必要的了。

（3）监理的检查认可

“复验项目”的最后一道关口是监理工程师的检查认可。当没有监理时，建设单位的技术负责人也可以。未经签字认可的材料一律不得用于工程。这个规定体现了监理方面从外部监督的“验收”角度，在保证工程质量方面所起到的作用。

3. 自检及交接检

除原材料把关以外，对施工过程中的各工序进行质量监控也十分重要。在此，施工单位的自行检查评定就起到了非常重要的作用。《统一标准》对此作出规定：“应按施工技术标准进行质量控制，每道施工工序完成后，经施工单位自检符合规定后，才能进行下道工序施工。各专业工种之间的相关工序应进行交接检验，并应记录”。

（1）自检评定

实际的工程质量是在施工过程各个工序的操作中形成的，只有施工单位本身对施工质量的实际情况才有真正的了解。因此施工质量的控制，只能依靠施工单位的“自检”才能真正落实。与传统施工规范的不同在于，过去强调的是对工序中施工操作、行为的控制；而现在则关注工序以后，质量效果的检查评定。

在施工过程中的每一道施工工序完成以后，均应由班组质量员自行检查或专业质检员进行抽检，通过观察、量测、对比其质量指标是否达到标准的要求，然后作出评定，确认其是否达到规定的要求。进行这种“自检”以后，应填写检验表格作为将来验收的依据。标准规定：每一个工序完成以后，通过自检评定符合要求，才能进行后续工序的施工。

（2）交接检验

实际工程施工中的工序繁多，通过施工过程逐渐形成了施工的“质量链”。而质量链中各工序的交接处，往往是最容易发生问题的薄弱环节。因此，工序间的交接检验十分重要。标准规定：在不同工种（工序）交叉、衔接时，应进行交接检验，并且做出记录。前一工序的质量通过交接检验以后得到确认，表明以前各工序质量可以保证。交接检以后形成的记录，不仅是为了保证施工质量，而且一旦发生问题时，也便于分清责任，避免纠纷。

施工前期的缺陷应通过检查及时发现并加以消除，否则将随着施工过程逐渐累积，影响到更大的范围。施工中任何缺陷都应该消灭在萌芽状态，积累到后期再处理，付出的代价太大。因此标准还规定：不通过交接检，不得进行下一工序的施工。

（3）施工单位的作用

新的标准规范虽然突出有关各方外部的“强化验收”，但完全无意削弱施工单位在质量控制中的地位，相反提出了更高的要求。“自检”及“交接检”基本属于施工单位内部进行质量控制的“评定”性质。这表明作为“验收”的基础和先决条件，自检评定仍然发挥了重要作用。因此，修订规范并未忽视施工单位在施工质量检验中的作用。

《统一标准》规定工程质量的“验收”应在施工单位自行检查“评定”的基础上进行。也就是说，只有施工单位自行检查评“评定”合格以后，才能提交监理（或建设）方面进行“验收”。这种“先评定，后验收”的程序和“只有评定合格，才能进行验收”的条件，分清了两阶段的质量控制重点和责任，将促进施工企业和监理（建设）单位加强合作，真正落实施工质量的控制。

4. 重要工序的检验

建筑施工过程中各个工序对最终工程质量的影响是不同的。有些工序的影响相对不大，而有些重要的关键工序对最终的工程质量有着直接而重大的影响。例如，浇筑混凝土之前对钢筋工程进行的隐蔽工程检查，就对未来构件的结构性能有着很大的影响。因此必须有严格的外部监督，取得监理工程师的认可。为此标准规定："对于监理单位提出检查要求的重要工序，应经监理工程师检查认可，才能进行下道工序施工"。

至于"重要工序"的确定，取决于监理单位的要求由双方协商确定。这是因为监理单位代表了建设方面的利益，对其要求的功能、质量比较清楚；同时监理单位又与设计方面有很好的沟通，能够充分反映设计的意图。其提出"重要工序"的检验项目和质量要求，一般比较可靠，应该认真执行检查和验收。

当然，在施工现场的监理工程师必须参与重要工序相应项目的检查和验收，签字确认，并承担相应的责任。标准还规定，只有"重要工序"通过检查验收以后，下一道工序的施工，才能进行。这也是为了防止重要工序严重缺陷影响的累计，引起扩大影响范围的不良后果。尽早处理可以减小损失。

5.3.2 抽样检验方案的调整（第3.0.4条）

1. 抽样检验及检验数量

建筑工程的体量庞大，想要进行质量控制，无法全数检验而只能采用抽样检验的方法。各种专业、不同检验批的抽样检验方案不同，根据各自的质量检验的特点确定。但是根据概率统计理论，还必须确定检验批的容量和抽取检验子样（试件）的数量。如果抽取检验子样（试件）的数量大，检验的结果就会比较准确。但是太大的工作量会引起检验成本的增加。而减小抽取检验子样的数量，就会影响检验的效果，引起错判或误判的风险。

2. 减小检验数量的调整

综上所述，在保证检验效果的条件下，尽量减少抽取子样的数量，成为改善检验方案的努力方向。一般情况下各专业验收规范已经规定了抽样检验的方案，确定了检验批及抽取子样（试件）的数量。但是，经过长期工程实践的积累和经验的总结，并通过概率统计和抽样检验理论的检验，本次标准修订提出了在一定条件下，减少抽取检验子样数量的调整方法。

调整方法主要有两个方面：质量条件相同时的“合并验收”；以及应用条件相同时对验收结论的“重复利用”。《统一标准》第3.0.4条规定：“符合下列条件之一时，可按相关专业验收规范的规定适当调整抽样复验……”这是本次标准修订新增加的条文。下面分别进行介绍。

3. 验收的调整方案

（1）同一厂家产品的合并验收

《统一标准》规定“同一项目中由相同施工单位施工的多个单位工程，使用同一生产厂家的同品种、同规格、同批次的材料、构配件、设备”可以合并验收。

这是因为相同施工单位在同一项目中施工的多个单位工程，使用的材料、构配件、设备等往往属于同一个检验批次。本身就属于同一个检验批的检验，检验结论应该是可以通用的。如果按每一个单位工程都分别进行复验、试验，势必会造成重复检验。这种做法增加试验成本，而且必要性不大。因此规定可适当调整抽样复检、试验的数量，进行“合并验收”。具体要求可根据相关专业验收规范的规定执行。

（2）同一项目成品的合并验收

《统一标准》还规定“同一施工单位在现场加工的成品、半成品、构配件用于同一项目中的多个单位工程”可以合并验收。

这是因为相同施工单位在施工现场加工的成品、半成品、构配件等，生产、制作的条件完全相同。同一项目的检验属于一个检验批次时，检验结论应该是可以通用的。当属于不同的单位工程时，根据与上述情况相同的道理，可适当调整抽样复检、试验的数量，进行“合并验收”。但对施工安装后的工程质量，由于检验条件已经不同，就应按分部工程的要求进行检测试验，不能减少抽样数量。例如结构实体混凝土强度检测、钢筋保护层厚度检测等，就不能合并验收。

（3）重复利用检验成果

《统一标准》还规定：“在同一项目中，针对同一抽样对象已有检验成果可以重复利用。”

这是因为在实际工程中，同一专业内或不同专业之间对同一对象有重复检验的情况，按原规定需要分别填写验收资料。例如混凝土结构隐蔽工程的检验批和钢筋工程的检验批，装饰装修工程和节能工程中对门窗的气密性试验等检验项目。这种重复性的检验就大可不必。因此本条规定可避免对同一对象的重复检验，允许重复利用已有的检验成果。

（4）调整方案的确定

《统一标准》规定了确定调整验收的方式：“试验数量、调整后的抽样复验、试验方案应由施工单位编制，并报监理单位审核确认。”

即调整验收的实施方案应符合各专业验收规范的规定，并应事先由施工单位根据工程具体情况，编制并提出调整的抽样方案，报请监理单位审核，同意以后再实施。当然，双方应承担起因此而造成的后果。如果施工或监理单位有理由认为没有必要，也可不调整抽样复验、试验数量或不重复利用已有检验成果。

5.3.3 专项验收的规定（第3.0.5条）

1. 工程验收的检验项目

建筑施工的验收是复杂的系统工程，容纳了各个专业不同性质的各种问题。对于复杂问题只能分解为许多简单问题加以解决。《统一标准》根据这个原则，将施工的验收分解为612个相对比较简单的分项工程进行验收。分项工程验收的性质和内容相对简单得多，因此就可以很容易地进行验收了。《统一标准》规定的所有分项工程的检查验收，都反映在所属的各专业验收规范中，可以很容易地得到解决。

2. 特殊项目的检查及验收

现代建筑的使用功能非常丰富，涉及很多新的专业和技术领域。《统一标准》规定的六百多个分项工程基本已经能够覆盖一般建筑工程的所有验收问题了。但是对于近年出现的许多新问题，就不可能完全包括。而对这些现行验收规范中没有反映的特殊验收问题，也必须解决。

为此，《统一标准》新增第3.0.5条，对特殊项目的检查及验收作出了“专项验收”的规定。这不仅解决了工程中特殊项目的检查及验收问题，还有利于新技术的推广和应用。

3. 专项验收的规定

（1）专项验收的条件

《统一标准》规定：只有对“专业验收规范对工程中的验收项目未做出相应规定”的情况，才符合进行“专项验收”的条件。这种情况有两种：一是对有特殊功能工程项目的验收，例如防辐射、抗腐蚀等项目的验收；二是对新技术应用时产生的新验收问题。

（2）专项验收的要求

一般的工程验收问题，已有相应的验收规范解决。而对于专项验收，因为属于很少遇到的特殊问题，只能采用个别解决的方式。《统一标准》进一步规定：“应由建设单位组织监理、设计、施工等相关单位制定专项验收要求。”专项验收往往是为满足建设单位提出的特殊功能，因此应以建设单位为主，组织有关各方（监理、设计、施工等）共同讨论，确定专项验收的具体要求。

（3）重要项目的论证

如果专项验收的项目与安全、节能、环保等重要问题有关，则不能完全只由上述各方自行处理。《统一标准》规定："涉及安全、节能、环境保护等项目的专项验收要求，应由建设单位组织专家论证。"即必须由建设单位出面聘请有关的专家、学者进行论证，与监理、设计、施工等共同讨论，确定专项验收的具体要求，并共同负责。

5.4 质量验收要求

5.4.1 质量验收的要求（第3.0.6条）

1. 质量验收的特点

在市场经济条件下，"验收"是保证工程质量的关键，与原施工标准规范相比，修订以后的标准规范具有以下特点：

（1）从行为控制到质量效果

按照"有法可依"为原则编制的传统施工类标准规范，以控制施工行为为主要目标。因此标准规范的内容非常详细而繁琐。而市场经济条件下建筑市场对施工的要求，则表现为对于施工质量效果的"验收"。因此施工验收规范对于质量的检查和判断十分重视，内容丰富而且有很强的可操作性。而对施工过程中技术、管理和行为的控制，倒并不十分在意。这是施工标准规范改革的主要变化。

（2）从内部评定到外部验收

建筑市场开放和建筑成为商品以后，房屋所有制变化使责、权、利的关系重新得到定位。因此对建筑工程质量验收的要求，就有了根本性的改变。从施工单位内部检查评定为主，转变到有关各方的外部检测验收为主。因此，"验收"从"评定"中分离出来，得到强化执行。同时为了科学地进行判断，还将"验收"落实于整个施工过程的控制中，并完善了检测的手段。

（3）质量验收要求

作为指导性标准，《统一标准》的编制充分体现了上述两个特点。在《统一标准》的第3.0.6条中，通过提出7个方面的具体措施，落实了有关施工质量"验收"的要求。下面依次进行介绍。

2. 自检为基础

建筑工程的质量实际上是由施工人员操作干出来的，因此施工单位在形成工程质量的过程中起到了决定性的作用。外部的监理不可能真正控制施工质量，而只有施工单位本身才清楚自己施工质量的效果。因此必须发挥施工单位在工程质量控制中的作用，表现为对其自检评定的要求。《统一标准》规定："工程质量验收均应在施工单位自检合格的基础上进行。"

"自检"一般由基层生产班组中的"质量员"执行；质检科（或相应的质检部门）的专职质量检验人员抽查复核，并给出是否符合要求的"评定"结论。只有自检以及对发现的问题通过整改而达到合格以后，才可以在此基础上进行有关各方参加的"验收"。因此"自检"是"验收"的基础。其是真正落实的最基层的实际检查，作为检验的基础，大大地减少了验收的检查工作量。而且"自检评定"最能够反映质量的真实状态，并发现存在的问题，对于施工单位改进管理、技术，奖惩有关人员，也是最有力的根据。

3. 验收人员的资质

"自检评定"尽管重要，但施工单位不能自我决定工程质量的合格与否，还必须有关各方参加，共同检查，才能确认合格验收。这里有两个问题必须解决：参加验收人员的代表性和资质。《统一标准》规定："参加工程施工质量验收的各方人员应具备相应的资格。"首先是参加验收的人员必须能够代表每一个方面的立场。监理和施工分别代表了建设工程的主客双方，是无论如何不能缺席的。而一些重要的验收，建设单位和勘察设计方面也必须参加，以保证验收的有效性。对此，《统一标准》对不同层次的验收提出了相应的要求，在标准的第6章中有详细的叙述。

其次，由于专业不同，检查验收的难度和深度不同，对验收人员还提出了资质的要求。《统一标准》要求参加不同层次的验收的人员应该具备规定的资质，具体落实为所在岗位、技术职称等。从检验批验收到竣工验收，验收人员资质的要求越来越高，以保证验收结论的权威性。我国目前正在建立和完善从业人员资格认证的制度，这将对提高验收人员的业务素质，保证工程验收的工作质量，起到保障作用。

4. 验收的基本单元及内容

对于建筑工程施工质量验收的方式，《统一标准》规定：“检验批的质量应按主控项目和一般项目验收。”这不仅确定了验收的基本单元，而且给出了验收的要求。

实际工程中，施工质量验收的内容繁琐而庞大。但是任何庞大复杂的建筑工程都可以分解成为不同类型的许多内容简单、容量不大的基本单元——检验批。以检验批作为检查验收的基本单元，并通过对检验批的检查验收来确认批内的施工质量合格与否。随后就可以用各种检验批检查验收结论的积累（分项工程、分部工程等），完成整个工程的质量验收。因此，检验批的验收是整个验收体系的基础。

建筑工程施工质量的具体检查验收的内容，无论多么纷繁复杂，都可以归结为两种类型项目的验收：“主控项目”和“一般项目”。主控项目是对安全、环保、节能和主要功能起决定性作用的项目，带有否决权的性质。而一般项目则不起决定性作用，根据不同的质量要求，允许有一定数量缺陷的存在。这两种项目检查验收的要求是不同的。有关的各专业验收规范的具体条款，对此都作出了具体而明确的规定。实际进行工程施工质量的检查、验收时，根据具体情况执行就可以了。

5. 见证检验

（1）必要性

为了落实“强化验收”的要求，避免施工方面单独进行检查评定的漏洞，对重要的关键项目，希望以第三方进行客观检测的定量结果，作为判断合格与否的依据，使验收的结论更加公正、科学和客观。因此，统一标准提出了“见证检验”的要求。

（2）项目内容

《统一标准》规定：“对涉及结构安全、节能、环保和主要使用功能的试块、试件及材料，应在进场时或施工中按规定进行见证检验。”这表明，见证检验的范围只能集中在对安全、节能、环保和主要使用功能有明显影响的少量重要项目中。覆盖的范围不能太大，以免引起检验成本的大幅度增加。

而且检验的内容是试块、试件及材料等与试验检测有关的项目。这体现了验收对“完善手段”的要求和检验的公正性和科学性。避免人为主观定性判断的不确定性，而以客观的量测数值进行判断，这是比较公正和客观的。这也是市场经济条件下，验收各方都能够接受的检验方式。

（3）见证方式

标准强调了“见证”二字，这是有深刻含义的。首先，检测取样必须有不同方面的人员在场（旁站），并以不定期、不定批随机抽样检测的做法，以扩大检测的覆盖面。事实证明，这对克服传统固定抽检模式的局限性，是十分有效的。此外，有关各方在场情况下的现场随机抽样检测，在检测工作量不变化的条件下，使检验的控制面及严密性大大地加强了。

（4）检测资质

试验检测的定量结果，对于工程验收和施工质量控制有重大影响。检测数据必须准确，检测结论才具有权威性。因此对见证检测以及有关结构安全等重要项目的检测，应该由有相应资质的检测单位进行。我国近年进行了有关试验检测单位的认证制度，应该由通过认证而具有相应资质的实验室或检测部门，来承担相应的检测任务，并且还要出具检测报告，有相应资质的盖章，从而确保检测的有效性。

6. 隐蔽工程验收

在建筑工程施工过程的检查验收中，有些检查项目在施工完成后将被覆盖，而在后续施工过程中就无法再直接进行检查了。因此对这些项目，应该在覆盖之前进行“隐蔽工程验收”。例如，对于地下基础工程覆盖前，或结构浇筑混凝土前的钢筋工程和将被掩埋的管道，就必须进行这样的检查验收。

《统一标准》规定：“隐蔽工程在隐蔽前应由施工单位通知监理单位进行验收，并应形成验收文件，验收合格后方可继续施工”。亦即施工单位应在隐蔽前通知有关单位，在各方人员在场的情况下共同检查验收，确认其符合要求以后，形成验收文件。才能进行以后工序的施工。隐蔽工程验收的文件，可以作为今后不同层次验收时的依据。

7. 抽样检验

（1）检验范围

为“强化验收”，本标准修订适当扩大抽样检验的范围。除常规检验以及见证检验以外，修订的《统一标准》还补充规定：“对涉及结构安全、节能、环境保护和使用功能的重要分部工程应在验收前按规定进行抽样检验。”这不仅包括安全和使用功能的分部工程，还包括涉及节能、环境保护等的分部工程，具体抽样检验项目由各专业验收规范规定，检验结果应符合有关专业验收规范的要求。

（2）必要性

作出这样的检验要求是因为：施工过程中对材料、设备和各个工序的检验，并不能代表最终施工结果没有问题。最能反映真正施工质量的，还是对建筑工程实体的直接检验。由于建筑工程实体的体量太大而且复杂，因此只能采用对某些项目抽样检验的形式。为了保证真正的工程质量，这种施工后期对实体的检验，真实反映了前期施工控制的综合效果，因此是非常必要的。

（3）检验方式及特点

这种针对工程实体的检验具有以下特点：首先，不是普遍检查而只能是对影响安全、节能、环保和主要功能重要项目的检验，因此检测量不会很大。其次，只在分部（子分部）工程验收前进行，并作为分部（子分部）工程验收的前提条件。检验以随机抽样的方式进行。由于此时已经处于分部（子分部）工程验收的前夕，工程实体已经形成，因此有条件进行这种针对工程实体的抽样检验了。

（4）作用

对涉及结构安全和使用功能的重要工程实体，在进行分部（子分部）工程验收以前，增加这一层次的检验意义非常重大。由于其不同于施工过程中的各种检验，而是针对已经施工完成工程实体的直接检测，检验结果反映了材料、工艺、施工、操作等对最终质量的综合影响。因此更具有真实性和说服力。

8. 观感质量检查

《统一标准》还要求进行观感质量的检查："工程的观感质量应由验收人员现场检查，并应共同确认。"这延续了我国对施工质量验收的传统做法。一般在工程验收之前，由各方验收人员通过现场巡视，对工程进行外观质量观察检查。这种检查很难准确地定量，一般由有经验的专家或专业技术人员通过观察和简单的测试确定。观感质量的综合评价结果，应由验收各方共同确认并达成一致。对影响观感效果及使用功能或质量评价比较差的项目，应该通过检查指出缺陷，经施工单位进行返修后，再进行验收。这一层次的检验场必要，相当于代替用户的检验。如果不进行这种观感检查并及时整改消除，用户进入后再发现问题、处理的难度就会大得多了。

以上介绍了《统一标准》对施工质量验收的原则性要求。具体措施则在各专业施工验收规范中落实。只有满足以上7方面的要求才能通过验收。本条比较详尽地介绍了通过验收的条件，体现了强化验收和完善验收手段的原则。

5.4.2 验收合格的条件（第3.0.7条）

1. 验收的作用及合格条件

对工程施工质量检查的最终目的是通过"验收"，得到有关各方的确认，在建筑市场上实现其应有的价值。因此很重要的问题是确定验收指标和合格的条件。《统一标准》第3.0.7条对验收合格提出的要求是：“建筑工程施工质量验收合格应符合下列规定：1　符合工程勘察、设计文件的要求；2　符合本标准和相关专业验收规范的规定。”下面对此作出解释。

2. 符合设计要求

建筑工程的施工，实际就是将反映建设单位意图的设计图纸变为建筑物实体的过程。建设单位建造建筑物的目的就是为了“使用”，而对“使用”的要求完全反映在设计文件中。按图施工是完成上述目的的一种再创造。因此，施工及其结果应该符合勘察、设计文件的要求。这也是建筑工程最终进行竣工验收时，必须满足的重要条件。

3. 符合标准规范的规定

《统一标准》及在其指导下的各相关专业验收规范，提出了建筑工程施工质量的基本要求作为验收条件。我国已编制成的专业验收规范共计14本，形成了完整的标准规范体系。不同专业的施工质量应符合相应的各验收规范；而单位工程的验收则应符合本《统一标准》的要求。需要指出的是：这里提出的合格条件是对施工质量的最低要求，允许建设、设计等单位提出高于本标准及相关专业验收规范的验收要求。因此，符合标准规范的规定与符合设计要求是有差别的，设计的要求往往高于标准规范的规定。

5.5　施工质量检验方法

5.5.1　检验方案（第3.0.8条）

1. 基本概念

（1）抽样检验

建筑工程体型庞大，专业众多。尽管可以划分成检验批进行检查验收，但多数情况下，由于检验工作量的限制，不可能进行全面、彻底的全数检验。特别是有些检验（例如材料、构件的强度检测等）还是破坏性的试验检验，根本无法实现全数检查。因此，一般建筑工程的检验也只能依靠抽样检验，甚至是小比例的抽样检验，来控制工程质量。这就带来了抽样检验方案的问题。

（2）检验方案

出于对检验工作量及检测成本等的考虑，以及减少抽样检验偶然性对检验结论的影响，《统一标准》第3.0.8条提出的抽样检验的方案如下："检验批的质量检验，可根据检验项目的特点在下列抽样方案中选取：

计量、计数或计量-计数的抽样方案；

一次、二次或多次抽样方案；

对重要的检验项目，当有简易快速的检验方法时，选用全数检验方案；

根据生产连续性和生产控制稳定性情况，采用调整型抽样方案；

经实践证明有效的抽样方案。"

（3）检验方案的多样性

抽样检验是划分数量确定的母体（检验批），再通过在批内抽取一定数量的子样（试件）进行检验，以试件检验的结果来反映整个检验批的质量状况，确定是否验收。在工程中采用的抽样检验方法具有多样性，实际应用时可根据检验项目的特点和工程的具体情况进行适当的选择。

对于重要且易于检查的项目，或可采用简易快速的非破损检验方法时，宜选用全数检验；其余情况则宜采用抽样检验方式。根据检验的性质，有计量检验、计数检验或计量-计数混合检验的方案，以及经验性的检验方案等。此外，为了控制检验工作量，降低检测成本，根据我国长期的工程经验以及概率统计的原理，可以采用复式抽样检验的方法：一次、二次或多次抽样方案；以及在一定条件下的调整型的抽样方案。这些方法在保证检验效率的条件下，有效地减小了检验的工作量。

2. 计量检验

建筑工程的质量在很多情况下反映为对其进行检验量测的数值。例如，材料的性能（钢筋和混凝土的强度），预制构件的结构性能（挠度、承载力、裂缝控制性能）等，只能通过试验量测，对比试验实测值与允许值数值（检验指标）的大小，才能确定其是否符合标准的要求。这就是“计量检验”。

计量检验是比较客观和科学的检验手段，但是需要进行试验或者量测，相对比较麻烦。出于检验工作量的考虑，一般检验的数量不会太多。但是由于其比较有说服力，仍是工程质量检验中经常应用的方法。

3. 计数检验

实际工程中，有些施工质量项目的检验很难准确地定量。例如，外观质量的裂缝、蜂窝、麻面等就无法准确地进行定量的检验，通常也只能定性地以观察判断的方式来确定其质量状态。由于各方面的原因，建筑工程不可避免地会有质量的“缺陷”。就如同考试不可能每门功课都是100分，60分就能及格一样。不超过40%的缺陷并不影响考生及格而成为“合格”的学生。因此，施工质量就可以通过“缺陷计数”的检查方法来加以反映。

应该坚决否定某些媒体和领导“建筑工程不能有缺陷”的舆论误导，施工质量是允许存在缺陷的。不影响安全和主要使用功能的“一般缺陷”并不影响建筑的正常使用。但是必须对其数量进行控制，限制在一定的范围以内。例如，可以通过检查这一类型的缺陷，并根据缺陷的性质反映为“缺陷点”。最后以缺陷点百分率的统计结果，以计数的方式来进行验收。

学生考试以60分作为合格界限，施工验收规范允许的合格点率一般为80%，个别重要的项目提高为90%，这就是施工质量的计数检验方案。合格点率100%而没有缺陷的“理想建筑物”是绝不可能存在的。错误舆论误导而提出种种不切实际的苛求，没有任何根据。对此应该通过标准规范的宣传，加以正确的引导。

4. 计量、计数检验

有一类施工质量的检验具有计量、计数混合的性质，例如尺寸偏差的检测就是如此。建筑施工中结构和构件的实际位置和尺寸，与设计要求的偏差是无法避免的，但是应该控制在一定的范围以内——允许尺寸偏差。目的是使这种偏差对结构性能及使用功能不至于造成明显的影响。因此就可以采用对实际结构和构件的尺寸进行量测的计量检验方式，确定其是否符合要求。

但是，对于完全能够正常使用的合格建筑，也还难以避免有相当多检查点的尺寸偏差超过允许值。而事实上只要这些超过允许值的“不合格量测点”的比率及超差量值不太大，就基本不会影响建筑物的安全和使用功能。因此，也可以采取合格点率的方法来进行计数控制。因此像这样以先计量、后计数的混合检验方法进行检查验收，也是实际工程质量检验经常采用的方案之一。

5. 全数检验

全数检验是比例为100%的抽样检验方法特例。全数检验可以获得比较严密的质量控制效果，但由于检验工作量太大，也只能在个别特定项目的检测上应用。全数检验方案的适用条件如下：

（1）重要关键的检验项目

只有重要的检验项目才有必要进行全数检验。对某些数量很少而比较重要的项目，就有必要逐一检验，以保证应有的工程质量。例如，对油库、气罐、水柜以及相应管道的加压试验检验，对保证其主要的使用功能——密封性以及环境保护，这种检验就具有重要意义，必须全数检验。又例如，对钢筋安装后受力主筋的品种、规格、数量等的隐蔽工程验收的内容，就应该采用全数检验的方式完成。因为在关键部位受力钢筋，上述项目的检验对构件的承载受力性能至关紧要的。

（2）快速简易检验的项目

对于可以采用快速、简易方式进行检验的项目，就有条件进行全数检验。而肉眼观察判断就是最简单易行的检验方法。例如，混凝土现浇结构或预制构件在拆模、起吊时，就可以对其外观质量的严重缺陷（蜂窝、孔洞、露筋等）通过全数观察检查和判断发现，并通过相应的修整措施加以消除。此外，上述隐蔽工程验收的检验也可以通过观察实现全数检验。当然全数观察检查的同时，对于难以判断的情况必要时还需要辅以少量量测才能准确地确定。

（3）非破损检测项目

有时为了满足验收的要求，还必须对工程实体的部分区域进行有限项目的全数检验。这时，检测应该以不损及被检验区域为条件，才有可能进行全数检验。例如，在一定条件下采用回弹法、超声法等手段就可以对混凝土结构实体中强度存疑的局部区域，进行推定强度的普遍检测。否则如果检测会造成结构的破损，检验成本和工作量又太大，是根本无法实现全数检查的。

（4）检验要求

全数检验的目的，一般是要求通过检查发现可能存在的严重缺陷，并及时整修排除。因此检验项目不太可能是定量的检查，而多为可以直接进行判断的项目。例如，对于储罐、管道系统的密封性检验，对于混凝土结构的隐蔽工程检查和外观质量检查。只有这些可以直接进行定性检查验收的项目，才能进行全数检验。

6. 经验性检验

事实上，我国目前施工质量验收的检验，大多还停留在经验性的检验方案上。检查验收的基本内容都是根据积累的工程经验而确定的。经历了几十年的工程实践，这些经验性的检验方案至今仍未做出根本性的改变。这一方面说明其基本上能够适应我国建筑施工的国情，另一方面也反映目前尚未有更好的检验方案可以取代。

由于缺乏系统的调查统计，我国工程界对实际施工质量的真实情况仍缺乏准确的了解。因此，目前也没有条件提出更为合理的检验方案。至于这种经验性检验对施工质量控制的效果，对结构安全和使用功能的影响，以及几十年来施工工艺、施工技术进步所引起的变化等，目前还难以给出比较明确的结论。

传统经验性的施工质量检验与我国其他行业产品检验方案及国外类似的验收方法相比，差距甚大。尽早改变这种状况，努力实现更科学、合理的施工质量检验方法，这是今后施工质量控制科研的重要课题之一。

5.5.2 抽样检验方法（第3.0.7条、第3.0.9条）

1. 抽样检验原理

（1）抽样检验的内容

作为一个完整的抽样检验方案，应该解决以下问题：

检验批的划分（母体容量）；

抽样数量（子样的数量或比例）；

抽样规则；

质量检验指标；

验收合格条件；

检验方案的调整；

非正常检查验收；

……

（2）抽样检验的统计学原理

事实上，受到各种因素的影响，建筑施工的实际质量是随机变量而服从某种分布规律。应用计量方法和计数方法对实际工程质量检验的结果进行统计分析，就可以大体确定其概率分布的状态。统计分析表明：以量测为主要手段的定量检查，施工质量多呈正态分布（或对数正态分布）；而以缺陷计点为主要手段的定性检查，施工质量则多呈泊松分布。

以此为基础，就可以根据实际工程的检验项目，确定上述抽样检验中的许多具体内容。例如，母体数量、抽样比例（数量）、检验指标、合格条件等都可以通过概率统计分析确定。这样确定的抽样检验方法，可以得到比较好的检验效率。以比较少的抽样检验工作量，得到比较准确的施工质量状态的信息和检验结论。

2. 检验批

建筑工程不仅工程量巨大，而且包括了许多不同专业的交叉组合。而各种专业的施工质量又取决于施工工艺、设备、原料、人员、操作及外界环境条件等诸多复杂因素，不确定性很大。因此施工质量的检查验收必须按专业、工序和工程量划分为检查验收的基本单元——检验批。在《统一标准》中，定义“检验批”为“按相同的生产条件或按规定的方式汇总起来供抽样检验用的，由一定数量样本组成的检验体。”

在施工质量控制和检验中，检验批的划分主要考虑其代表性和检验的有效性，有代表性时，抽样检测结果才能有效反映真正的质量状况。按相同的工艺条件连续施工或生产，且质量控制比较稳定时，其施工质量的波动就比较小。因此作为检验批划分的原则有两条：首先是检验批内的质量状态比较均匀，因此抽样检验的结果就可以有代表性。其次是检验批的范围不能太大也不能太小：批的范围太大，质量波动就会比较大，从而影响检验的结果；批的范围太小，批的数量太多造成的检验工作量就会很大，引起检验成本的增加。

由于各个专业施工工艺不同，以及检查验收方式的巨大差异，实际工程施工质量检查验收中，抽样检验批划分的方法以及数量，应该按照有关专业验收规范的有关要求确定。在《统一标准》指导下的十多本施工质量验收规范中，对总计六百多个分项工程的质量验收，都对检验批的数量做出了具体的规定。

3. 抽样数量

(1) 抽样原则

在确定检验批以后，决定批内抽样的数量就成为必须解决的问题。抽取子样的数量，应该使其检验的结果具有代表性，即通过子样（试件）的检验，能够真实反映检验批（母体）的质量状况。因此作为确定抽样数量的原则有两条：首先是抽样数量不能太小，因为子样（试件）少，检验的结果就可能缺乏代表性。其次是抽样数量也不能太大，因为子样多，检验工程量及检验成本就会增加。

我国传统的抽样检验方法往往采用比例抽样的原则，即无论检验批（母体）的大小，一律采用相同的抽样比例（例如5%或者10%）。根据概率统计理论，这种比例抽样的方法是不科学的。尤其是当检验批（母体）的容量比较小的条件下，太少的子样检验结果极不稳定，难以反映检验批（母体）的真正质量状态，很容易造成误判或漏判的风险。

(2) 最小抽样数量

对抽样数量的规定依据国家标准《计数抽样检验程序 第1部分：按接收质量限（AQL）检索的逐批检验抽样计划》GB/T 2828.1—2003的要求，给出了检验批验收时的最小抽样数量。其目的是要保证验收检验具有起码的抽样量，并符合统计学原理，使抽样更具代表性。最小抽样数量有时并不一定是最佳的抽样数量，因此实际工程中规定抽样的数量尚应根据具体情况，符合有关专业验收规范的规定。

《统一标准》第3.0.9条的表3.0.9，提出了当采用计数抽样时，不同检验批容量条件下的最小抽样数量要求。表格虽然适用于计数抽样的检验批，但是对计量、计数混合抽样的检验批也可以参考使用。

例如，应用表5-1，当检验批容量较小为10个时，最小抽样数量为2个，抽样比例为20%。当检验批容量扩大为100个时，最小抽样数量为8个，抽样比例为8%。当检验批容量很大为1000个时，最小抽样数量为32个，抽样比例为3.2%。只有不同的抽样比例，才能保证检验应有的合理的风险。可见确定不变比例的抽样方法，是不符合概率统计理论的。随着检验批容量加大，其抽样比例是应该逐渐减少的，反之亦然。

（统一标准表3.0.9）　检验批最小抽样数量　表5-1

检验批的容量	最小抽样数量	检验批的容量	最小抽样数量
2～15	2	151～280	13
16～25	3	281～500	20
26～90	5	501～1200	32
91～150	8	1201～3200	50

（3）删除奇异子样

《统一标准》还规定："明显不合格的个体可不纳入检验批，但应进行处理，使其满足有关专业验收规范的规定，对处理的情况应予以记录并重新验收。"这个规定完全有必要，因为抽样检验过程中，由于样本选取随意性较大，不可避免地有偶然性。有的极个别子体并不能代表母体的真实质量情况。这些由于特殊原因引起反常的"奇异子样"，如果纳入检验批的统计分析，不仅会增大验收结果的离散性，还会干扰按统计规律的准确判断，影响整体质量水平的统计，因此应该删除。

但是，为了保证应有的施工质量水平，必须按有关专业验收规范的规定进行处理。使其符合设计和规范的规定，再重新检查验收。同时整个处理的过程应详细记录，以备不时之需。

4. 抽样规则

在确定检验批的范围和抽样的数量以后，接下来的问题就是抽取子样（样本）的规则。根据概率统计理论，应按随机抽样的原则抽取样本，子样检验的结果才能够反映母体（检验批）的质量状态。所谓"随机抽样"，就是不带任何附加条件的任意抽样。在母体（检验批）质量分布大致均匀的情况下，随机抽取子样（样本）的检验结果对母体（检验批）具有很好的代表性。

采用扑克牌抽签或者抓阄都是通常随机抽样的方式，当然也可以采用其他的方式。有时，工程检验中往往也有意地采用带有偏向性的随机抽样方式。例如，在预制构件质量检验时，对于同类型产品往往要从跨度较大、荷载较重的构件范围内随机抽样。这样检验的结果也有一定的代表性，但是偏于严格。因此对结构的安全是有好处的。

5. 质量检验指标

对于定量检验的项目，需要依靠通过试验量测得到的数值，与作为合格的"检验指标"进行比较。符合要求的即为检验的合格点，否则为检验的不合格点。这就带来了确定检验指标的问题。确定施工质量合格的检验指标取决于以下几个因素：

（1）安全和使用功能的要求

建筑施工应能保证安全、节能、环保和主要使用功能。因此施工质量的检查应该能够反映这些性能的实际状况，并且检验指标应该能够达到满足上述基本性能要求的水平。在确定检验指标时，必须提出能够全面反映这些要求的检验项目和必须达到的质量水平。

（2）技术装备条件的影响

建筑工程的施工质量还取决于当时实际的技术水平和装备条件。所有超越客观条件而提出不合实际过高质量要求的检验指标，可能会造成普遍的不合格，或者施工成本的大幅度增加。这种一般施工单位不可能达到的空想目标，最终结果只能造成普遍弄虚造假，使检查验收形同虚设。反而影响了真正的施工质量控制。

（3）可能达到的水平

要真正实现对施工质量的有效控制，在保证安全、节能、环保和主要使用功能的条件下，检查的检验指标必须恰当而合理。应该以当时技术装备条件能够达到的平均且偏上的水平，确定检验指标的数值。这种做法使一般施工单位通过努力能够达到；即使是比较差的施工单位通过很大的努力也能够达到。这就可以使施工单位看到希望，调动积极性，努力提高工程质量。

由于建筑工程施工的专业很多而各有特点，技术和装备条件差异也很大。因此都只能根据以上的基本原则，按照各自的情况，在各专业施工质量验收规范中确定各自的检验指标。

6. 验收合格条件

检验的最终目的是为了对验收提供充分的依据。《统一标准》第3.0.7条对施工质量验收合格提出了以下的两条要求：

（1）符合勘察、设计要求

施工是将设计图纸的要求转化为实际建筑物的过程，因此建筑工程的施工质量首先就必须“符合工程勘察、设计文件的要求”。只有施工质量能够达到勘察、设计所要求的水平，建筑的安全和使用功能才能得到满足。因此，这是验收合格的基本条件。

（2）符合验收规范规定

为了满足设计所要求的质量水平，必须进行相应的检查，而相应的验收规范就对此做出了详细的规定。因此为了落实设计所要求的质量水平，检查的结果必须“符合本标准和相关专业验收规范的规定”，这是验收合格的起码条件。

（3）设计和规范的配合

设计要求和验收规定是相辅相成的两个侧面，必须配合使用才有意义。例如，设计文件规定了材料强度等级的要求，而验收规范则提供了判断是否满足强度等级的方法。又例如，设计图纸给出了结构构件的尺寸，而验收规范则规定了允许的尺寸偏差。因此，只有将勘察设计要求和验收规范规定结合，施工质量的检查、验收才有实际意义。

（4）合格标准

对于如何才能符合验收规范的规定，还应进一步加以说明。在施工质量的检验中，应该区别两类不同性质的项目：对安全、节能、环保和主要使用功能有决定性影响的重要问题，都属于“主控项目”。这是有否决权的项目，检验中一经发现，即不能合格验收，必须及时修整、消除。而对上述问题不造成决定性影响而难以避免的一般问题，则属于“一般项目”。对于一般项目，允许存在不合格的检查点。只要其数量和程度不超过一定限值，仍然可以符合合格的条件，予以验收。

在具体执行的检查验收中，对于定性检验的项目，主要依靠人为观察的判断。除了严重缺陷不能验收而必须及时修整、消除以外，一般缺陷按不合格检查点的百分率确定是否合格验收。

7. 检验方案的调整

前面已经列出了施工质量检验的基本方案。为提高检验效率和减少误判的损失，《统一标准》还提出了在一定条件下对抽样检验方案进行调整的补充方案。对于调整型的抽检方案和复式抽样检验方案，下面分别介绍。

5.5.3 检验方案的调整（第3.0.8条）

1. 调整型的抽检方案

在施工现场进行质量的检查验收需要相当的工作量，会造成施工成本的增加。因此应该努力提高检验效率，在保证质量的条件下减少抽样检验的比例。可以采取在一定条件下扩大检验批数量的方式，降低抽样检验的比例，以减小检验工作量。为此《统一标准》规定，可以“根据生产连续性和生产控制稳定性情况，采用调整型抽样方案”。

在施工质量控制中，检验批的划分主要考虑其代表性，有代表性时检测结果才能反映真正的质量状况。而施工质量取决于施工工艺、设备、原料、人员、操作及外界环境条件等诸多复杂因素。对于连续生产（或施工）的检验批，在生产（或施工）条件能够有效控制的情况下，质量波动就很小。在这种质量稳定的情况下，通过适当扩大检验批（母体）的数量而维持子样的数量，就可以降低抽样的数量或者比例。因此调整抽样方案可以相对减少子样数量和检验工作量，由于抽取子样仍有较好的代表性，检验结果的有效性还是可以保证的。

当然在情况有所变动，质量稳定的状态不复存在时，由于小比例抽样已经不能保证应有的代表性了，就应该及时放弃这种抽样方案的调整。例如：工艺、设备技术改造；材料品种、质量有了变化；施工、制作条件改变；或出现不合格的情况时，就应该放弃这种调整，恢复到原有的抽样方案。

例如，原《预制混凝土构件质量检验评定标准》GBJ 321 中对预制构件结构性能检验试件的抽样检验，就首先采用了上述调整型的检验方案。一般情况下同类型连续生产的构件每 1000 件为一个检验批，从中抽取一件进行检验。但当连续 10 批均一次检验合格时，检验批的数量可扩大到每 2000 件为一个检验批。这是因为连续 10 批检验合格，证明生产处于良好的稳定状态，质量波动小，结构性能均匀性好，故抽样比例减半，仍不会降低检测结果的代表性。这对于生产规模大的预制构件厂，具有很大的效益。但是当出现意外情况时（如发生不合格的检验批或生产条件发生变化），仍应恢复到原有 1/1000 的抽样方案。

2. 复式抽样检验方案

（1）基本概念

抽样检验是我国目前施工质量验收的主要检验方式，但是难免有偶然性带来误判的风险。减少风险最有效方法是扩大抽取子样的数量，但是这样会引起检验工作量增加和施工成本的上升。为此《统一标准》规定，可以采用“一次、二次或多次抽样方案”，即实行“复式抽样检验”的方案。

复式抽样检验方案规定：当第一次抽检子样的质量达不到

合格的检验指标要求，但相差不大而仍能达到一定水平时，可以采用第二次或者多次抽样的方式扩大抽样数量（比例），以多次抽样的总计结果对整个检验批的质量合格与否做出判断。由于抽检子样数量（比例）的扩大，检验结果更为可靠。这就可以大大降低了由于抽样检验偶然性带来对施工（生产）方面误判的风险。这个检验方案的关键是进行复式抽样再检验的条件，亦即达到怎样的质量水平（检验指标）时，才有资格进行再次抽样检验。这需要对相应检验项目的质量状态和检验要求有比较充分的了解，并经统计学的计算和工程实践的考验而确定。

以上就是复式抽样检验的原理。在检验批（母体）数量很大而抽取子样比较很小的情况下，减小施工（生产）方面误判的风险，具有很大的意义。由于在正常情况下抽样比例仍然很小，检验工作量和成本不高。而只有在可能被判为不合格的特定条件下，才实行第二次或者多次抽样检验，检查验收的成本并不普遍增加，施工（生产）方面也是可以完全接受的。最主要的是：复式抽样检验在保证应有施工（生产）质量的前提下，避免了数量很大的检验批（母体）被误判的可能性，因此具有很大的经济效益。

（2）复式抽检的效果

复式抽样检验方案在其他行业的产品检验中早有应用。而建筑业中首先在预制构件质量检验中得到应用，并收获了巨大的经济效益。原《预制混凝土构件质量检验评定标准》GBJ 321就规定：当抽取试件（子样）加载进行检验结构性能试验的承载力检验指标不符合要求，但又不小于检验指标的0.95时，可以再加抽两个试件（子样）继续进行试验检验。用总计2～3个试件子样的试验结果，重新对预制构件检验批（1000～2000件）的结构性能做出判断。由于抽检子样的比例已经有了2～3倍的增加，误判的可能性也就大大地减少了。

二十世纪八九十年代曾经对预制构件结构性能质量的实际概率分布进行过调查研究和统计分析，并在工程实践中对采用复式抽样检验方法的效果进行了试点应用。结果表明：这种处理方法使被检验方面误判的风险减小了3倍以上，大大减少了预制构件厂不必要的经济损失，因此大受欢迎。同时，这种方法对工程质量的控制仍未放松，因此对用户（建设单位）方面的风险（漏判）也并未显著增大。

（3）修订规范的应用

近年修订后的施工质量验收规范普遍采用了这种做法，《统一标准》已经明确规定可以采用一次、二次或多次抽样检验的方案。同时，根据概率统计理论的分析计算，在附录中建议了二次抽样检验的方法。采用复式抽检方案以后，在保证应有施工质量的条件下，不合格的概率明显减少。复式抽样检验的方案有很多种，在各专业施工验收规范中已经表达，可以根据具体情况选择应用。

5.6 抽样检验的风险

5.6.1 抽样检验的概率统计原理

1. 施工质量是随机变量

建筑工程的施工质量受到各种因素的影响，不确定性很大，属于偶然发生的随机事件，可以表达为随机变量。但是，大量偶然事件的集合就会呈现出一定的规律，这就是随机变量的概率分布。描述概率分布的要素是：概率分布模型——概率分布曲线，以及相应的特征参数，如极值、平均值、标准差、变异系数等。有了这些要素，就可以作出随机事件的概率分布图形，一目了然地直观了解随机事件的规律。

同样，要比较准确地了解建筑工程的施工质量状态，也必须对施工质量各种检验项目的概率分布模型（曲线和特征参数）有清楚的了解。但是，要得到这些描述概率分布的要素，单纯的理论分析是根本不可能的，唯一的办法只能是对建筑工程施工质量的各种检验项目进行大量的实际调查，并在大量数据的基础上进行统计规律的计算分析，才能得到所要求的结果。

2. 抽样检验及风险

在我国，对于材料性能以及规模生产的产品，已经有了相当多的调查统计积累，并且大多数也已经建立了相应的概率分布模型。因此对其质量状态就可以通过概率模型做出比较准确的描述。同时也就有条件在此基础上，进一步建立比较科学、合理的抽样检验方法，以比较小的检验工作量，得到比较准确的实际质量状态。

任何受检验的对象都可以划分为质量基本均匀的检验批（母体），然后从中抽取一定数量有代表性的试件（子样）进行检验，并且通过检验的结果推断检验批的质量状态，这就是抽样检验的过程。

根据概率分布的规律，在平均值（中值）附近有比较大的概率分布，而距离越远的位置，概率就比较小。因此，对于任何质量上等的检验批（母体）中，也难免有可能有少量低质量的试件（子样）存在。由于抽样检验的偶然性，很可能抽查到这些试件而得到“不合格”的检验结论——错判。同样，对于质量很差的检验批，也可能有少量质量较好的试件。由于抽样检验的偶然性，也有可能会抽查到这些试件而得到“合格”的检验结论——漏判。这就是抽样检验难以避免的“风险”。因此建立科学、合理的抽样检验方法，努力减小抽样检验的风险，是控制工程质量，提高质量水平的重要课题。

3. 对我国施工质量的认识

建筑工程的施工质量也是随机变量，因此也必然服从某种概率分布。但是长期以来，由于我国的建筑业基本处于粗放状态。尽管实际的施工工程量十分巨大，但是也很少有人对其质量状态进行过认真的调查统计和深入分析。尽管对于材料强度、结构性能等类型定量检测的结果已经大体明确呈正态分布；对外观质量等缺陷计数的定性检测呈泊松分布。但是由于缺乏足够的调查统计而并不知道关键的统计参数，因此时至今日，对于我国建筑工程施工质量的实际状况，仍然缺乏准确的定量描述。

在有关管理部门的文件或领导的报告中，对于工程质量的实际情况，也只能用“基本是良好的”、“有了很大的提高”……这些不确定性很大的定性结论作模糊的宏观描述。至多也就是列举几个范围有限的百分比数字加以佐证。对我国施工质量现状缺乏应有的了解，这是我国长期以来未能摆脱经验性检验的根本原因。

4. 质量描述及检验方法的改进

如果对各种施工质量的实际情况没有起码的定量了解，亦即不知道其实际质量状态的概率分布及统计参数，就不可能对施工质量状态有比较明确的认识，同时就根本无法提出比较科学和合理的检验方法，更不说有效地控制风险了。

由于缺乏比较科学的调查统计，我们对施工质的量描述及检验方法的认识还具有很大的不确定性。这就是长期以来，我国建筑业无法摆脱粗放型行业，实现向科学合理的现代管理过渡的重要原因。即使是技术水平和装备条件大大改善以后的今天，继续维持这种经验性的管理和抽样检验模式，施工质量仍然难以有效地进行控制，建筑业的整体水平仍然不会有根本性的转变。

因此，进行大量施工质量的调查统计工作，建立对施工质量各检验项目的概率模型描述，以及相应科学、合理的在抽样检验方法，这是提高我国施工质量的关键。在这方面，我们还有太多的工作需要做。

5.6.2　检验风险及 OC 曲线

1. 建筑施工的不确定性及检验风险

受到材料、工艺、技术、装备、操作、素质等多种因素的影响，建筑工程的施工质量是一个随机事件，因此其实际质量不是一个定值，而呈某种分布。现在已经大体明确，对材料强度、结构性能类型的定量检测结果呈正态分布；对外观质量等缺陷计数的定性检测则呈泊松分布。在根据安全和使用功能而确定一定的合格条件以后，就可以通过抽样检验来确定被检验对象的合格与否了。前已有述，由于抽样检验的偶然性，检验结果不可避免地存在风险，即错判或漏判的可能性。

2. 抽样检验概率的 OC 曲线

以施工质量为横坐标，以验收概率为纵坐标而建立施工质量的验收概率分布曲线如图 5-1 所示。检验时应明确一个标准的质量水平（A）。如被检对象的实际质量已达到这个水平，则经抽样检验后应判为合格；否则判为不合格。从验收要求目标概率的角度而言，当质量达到或超过规定的质量水平（A）时，通过检验的概率应该为 100%（接受概率等于 1）；而当质量低于规定的水平（A）时，通过检验的概率应该为 0（接受概率等于 0）。

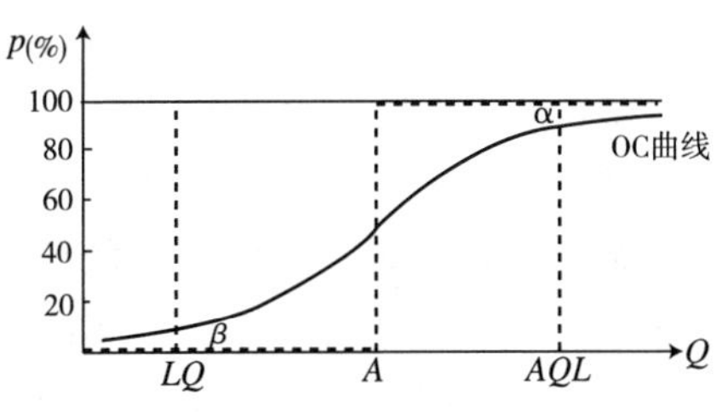

图 5-1　抽样检验的特性曲线（**OC**）曲线

图 5-1 中所表达的抽样检验特性曲线称为 OC 曲线。曲线以下是通过检验的“接受概率”，而曲线以上是通不过检验的“拒收概率”。其反映了不同质量水平，用不同抽检方案检验所得到的检验效果。可以看出，质量较低时，OC 曲线以下通过检验的接受概率很小而曲线以上通不过检验的拒收概率很大。而质量较高时，OC 曲线以下通过检验的接受概率很大而曲线以上通不过检验的拒收概率很小。理想的检验效果如图中的三折形虚线所示，其表示：达到或超过规定质量（A）时，接受概率等于 1；而质量低于规定的（A）时，接受概率等于 0。

当然，这种没有错判或漏判风险的理想化的检验效果，只有在全数检验的条件下才有可能做到，而在实际工程中是无法实现的。实际工程中只能采用抽样检验的方法，其检验效果如图5-1中的OC曲线所示。

3. 控制风险的途径

在有限抽样检验的条件下，由于各种偶然因素的影响，无法做到绝对准确地消除错判或漏判的风险。只能采用各种方法，使检验效果的OC曲线逼近上述三折形的虚线，尽量减小检验的风险。控制、减小风险的途径有以下3个：

（1）增加抽检数量（比例）

加大抽样的比例，增加受检验试件（子样）的数量，就可以使OC曲线更加逼近三折形虚线，从而减小检验的风险，减小错判或漏判的可能。但是这样做会大大增加检验的工作量，从控制成本的角度而言，是不经济的，因此不能普遍应用。但是在一定条件下，当检验结果有可能错判而造成巨大损失时，适当扩大抽样数量是可以的。因为与整个检验批错判为不合格比较，增加受检验的工作量还是可以接受的。这就是抽样检验方法中复式抽样再检的原理。

（2）提高或降低质量水平

提高或降低施工（生产）的质量，使质量控制线向右或向左移位，当然就可以改变错判或漏判的可能性，降低相应的风险。但是这就需要施工（生产）方面付出代价，或者牺牲用户的利益，是一种单方面的行为。但是可以根据这个原理，主动调节施工（生产）质量的水平：在质量比较差而拒收概率增加时，及时地提高质量；而在质量很好而接受概率非常高时，可以适当调整质量水平，避免成本不恰当地增加，使施工（生产）质量始终稳定地处在可以控制的适当水平。

（3）改进抽样检验方法

在检验批（母体）质量水平确定的条件下，不同抽样检验方法的检验效果是不同的。根据概率统计学原理而采用科学、合理的抽样检验方法，就可以使OC曲线更加迫近三折形虚线，用有限的检验工作量，减少风险而得到比较准确的检验结论。相反，不符合概率统计学原理的经验性的抽样检验方法，就可能会徒然增加检验工作量，而得不到准确的检验结论。

例如，我国施工中经常应用的等比例抽样检验方法，就不太科学。在试件（子样）数量不同时，风险变化的幅度就很大。检验批容量很小时，抽样比例太小而风险增大；而检验批容量很大时，抽样比例太大，徒然增加检验工作量。《统一标准》的第3.0.9条表3.0.9，就做出了比较科学、合理的规定。

5.6.3 风险的概率意义

1. 实际工程的质量控制

实际工程中，从施工（生产）质量控制及检查验收的要求出发，应该规定两个质量水平：一个是从用户的角度出发，出于安全和功能要求的最低限度质量水平（底线），称为极限质量（LQ）。另一个是从施工（生产）的角度出发，为了通过验收要求而规定执行的较高质量水平（目标），称为验收质量（AQL）。由于施工质量的特征值具有离散性，以及抽样检验的偶然性，实际上任何抽样检验方案都不可能做到达到高质量（AQL）的检验批都能判为合格；同样也不可能使低于极限质量（LQ）的检验批都判为不合格。这就是抽样检验的风险：前一种风险为施工（生产）方风险，而后一种风险为用户方风险，下面分别讨论。

2. 施工（生产）方风险

OC曲线与AQL相交，并在垂直方向形成截距。交点以下的线段长度为通过检验的概率（接受概率）。可以看出：质量较高AQL检验批的线段长度已经接近100%，有较大的通过概率。但是还存在交点以上的线段长度（a），这是通不过检验的概率（拒收概率）。尽管是很小的百分比，但是不可能为0，这就是生产方承受错判概率的风险。在建筑工程的施工质量检验中，通常称为“施工方风险”，也可称为“a风险”。

施工单位想要避免 a 风险同样是不可能的。增加抽样数量或改进抽样方法，使 OC 曲线贴近理想化的虚线，可以减小 a 风险。提高质量控制水平，使验收的目标质量（AQL）向右移动，也可以减小 a 风险，但是会增加施工成本。因此，实际工程中也只能综合平衡，确定一个适当的目标质量（AQL）作为验收的要求，保证将风险控制在可以接受的范围内。

3. 用户方风险

OC 曲线与 LQ 相交，并在垂直方向形成截距。交点以上的线段长度为通不过检验的概率（拒收概率）。可以看出：质量较低的 LQ 检验批线段的长度已经接近 100%，故有很大的通不过检验的概率（拒受概率）。但是还存在交点以下的线段长度（β），这是通过检验的概率（接受概率）。尽管是很小的百分比，但是不可能为 0。这就是用户方承受漏判概率的风险。在建筑工程的施工质量检验中，这是影响安全和使用功能的“用户方风险”，也可称为“β 风险”。

想要完全避免 β 风险同样是不可能的。增加抽样数量或改进抽样方法，使 OC 曲线贴近理想化的虚线，可以减小 β 风险；降低质量控制水平，使验收的目标质量 LQ 向左移动，也可以减小 β 风险，但是会降低安全和使用功能，影响用户的利益。因此，实际工程中也只能综合平衡，确定一个适当的目标质量（LQ）作为拒绝验收的底线，保证将用户方的风险控制在可以接受的范围内。

5.6.4 统一标准要求的风险控制

1. 施工质量要求的差别

建筑工程是覆盖许多专业的复杂系统工程，而且影响施工质量的因素非常多，因此施工质量的检查验收就要分为很多项目。这些不同的检验项目对施工质量的影响是不同的，有一些重要而直接，是关键的检查项目，而有些就相对不那么重要。

不同检验项目对建筑物最终安全和主要使用功能的影响不

同，因此对抽样检验的风险就应该有不同的要求。重要而对最终质量有很大影响的检验项目，检验风险应该受到严格的控制，而非本质的一般检验项目，检验风险就可以适当放松。以避免引起工程成本的增加或检验工作量不必要的增加。

2. 主控项目和一般项目

《统一标准》在第2章“术语”中已经明确规定，施工质量的检查验收分为两类：主控项目和一般项目。

（1）主控项目

建筑工程中对安全、节能、环境保护和主要使用功能起决定性作用的检验项目为主控项目。例如，材料的强度，结构的安全，以及对建筑提出的基本使用功能的要求；屋盖的防漏，地下室的防渗，围护墙体保温隔热等。由于对建筑的主要目标有重大的影响，不仅对主控项目的施工质量应该有更高的要求，而且检验的风险应该受到更严格的控制。

（2）一般项目

建筑工程中除主控项目以外的检验项目为一般项目。这意味着这些检验项目对安全、节能、环境保护和主要使用功能，并不起决定性的作用，因此可以作适当的调整。例如，对于一般建筑物的尺寸偏差和某些次要使用功能的缺陷，虽然应该提出要求而作必要的检验，但是没有必要过分地苛求，以避免施工成本的增加。而且有些不恰当的过高性能，对用户本身也并没有实际的意义。因此，对一般项目的施工质量可以适当调整检验要求，而且检验风险的控制，也可以适当降低。

3. 标准要求的风险控制（第3.0.10条）

《统一标准》的第3.0.10条明确提出了风险控制的要求。在建筑工程施工质量的验收中，风险控制的目标如下：

“计量抽样的错判概率α和漏判概率β可按下列规定采取：

（1）主控项目：对应于合格质量水平的α和β均不宜超过5%；

（2）一般项目：对应于合格质量水平的α不宜超过5%，β

不宜超过10%。”

这可以理解为：对于相对重要的主控项目检验，施工方面错判的概率和用户方面漏判的概率都应控制在5%以内。而对于相对不那么重要的一般项目检验，施工方面错判的概率仍应控制在5%以内，而用户方面漏判的概率可以放松为10%。这种差别性的要求有着重要的现实意义：其在不影响用户基本利益的条件下，可以有效地降低施工成本，保证施工单位必要的经济效益。

5.6.5 我国抽样检验方法的现状

1. 我国施工质量现状

目前，我国建筑工程施工的规模很大，每年的在施面积约90亿平方米，竣工面积约20亿平方米，这是空前巨大的基本建设规模。但是，对于实际施工质量的现状，却知之甚少。虽然比“大跃进”和“文化大革命”时已不可同日而语，但是与先进国家以及应该具有的水平，还有很大的差距。表现在资源、能源、人力的投入巨大而产生的效益不高，而且事故频发，投入使用的建筑物，安全和使用功能也往往存在问题。

最主要的是时至今日，我们对自己建筑工程的实际施工质量还没有比较准确的认识。在各种有关建筑工程质量状态的报告或资料中，也多是模棱两可的模糊定性估计，至多是几个范围和影响很有限的百分比数字，从技术的角度而言，基本不说明什么问题。这种对我国施工质量现状缺乏起码认识的状态，大大影响了我国建筑业水平的提高。

2. 施工质量检验的现状

长期以来，我国建筑工程施工质量的检验，一直处于经验性控制的状态。由于并不科学和严格，检验效果不理想。“文化大革命”以后，我国部分学者引进了基于概率理论的极限状态方法，在大量调查、统计、分析的基础上，对建筑材料性能的检验和控制，以及结构安全的设计控制和试验检验，都取得了实质性的进展，并建立了比较科学和合理的检验方法。

例如，对混凝土强度等级的检验评定，通过统计方法的处理，已经明确地达到了保证率95%，即风险概率的控制已经实现在5%以内的目标。而预制构件结构性能的试验检验，也基本实现了同样的目标，并且还在此基础上发展了复式抽样再检验的方法。

但是，施工质量的检验的绝大多数方法，仍是经验性的。不仅检验指标的确定多是人为估计的结果，而且抽样检验的方法大多也是主观经验性的，因此检验结果并不科学。例如，在施工质量检验中普遍采用的按照固定比例抽样检验的方法，其实并不合理。因为随着检验批大小的不同，按相同比例抽样检验的风险就有很大差别。因此通过检验结果对施工质量的认识，也是有很大片面性的。

3. 今后改进和发展的方向

改革开放以来，我国基本建设有了很大的发展，建筑业各个领域的水平也都有了很大的发展。但是施工质量控制以及检验仍基本处于经验估计的状态，相对已经落后得很多了。至于系统的调查、研究、分析以及利用概率统计理论指导科学检验方法的探索还是一片空白。为此，对于这片科研的处女地应及时开发。近期似应进行以下的工作：

（1）施工质量现状的普遍调查；

（2）施工质量现状的统计分析；

（3）质量检验指标的合理调整；

（4）抽样检验方法的优化选择；

（5）工程试点及推广应用；

（6）建立科学严谨的质量检验体系；

（7）从业人员标准规范知识的教育。

6 施工质量验收的划分

6.1 施工验收划分的原则

6.1.1 施工质量验收的复杂性

1. 工程量大持续时间长

现代建筑工程的体量一般都特别大，动辄都是几万、几十万平方米和几十米、几百米的高度。从地下的基础到高空的屋盖，这样庞大体量工程的施工，工程量巨大。要全过程得到有效的控制，并通过检验完全保证整体应有的质量，是比较困难的事情。

此外，建筑工程的施工周期又非常长，短则数月，多达数年，一般都会跨越年度而经历季节的变化。由于建筑施工只能在暴露的自然环境中进行，施工条件受到外部条件（季节更替、气候变化等）的影响，影响工程质量的不确定性因素很多，这也造成了对施工质量控制及检验的难度。

2. 功能多样专业交叉

早期建筑是为了满足人类居住的要求，功能相对比较简单，相关的专业比较少。现代建筑的功能大大地扩展了，提出了许多不同的功能需求，这就使施工的内容以及涉及的专业大大地增加。例如，现在的普通住宅除了满足安全和遮蔽风雨的传统要求以外，又增加了供暖、通风、照明、燃气、上水、排水、电梯甚至智能化的要求，而一些有特殊功能要求的建筑，更是会涉及许多新的专业。为了满足这些新增加特殊功能的需要，建筑施工质量的控制和验收都会增加许多新的不同专业的检验项目。而且增加的项目与传统的质量控制和验收过程交叉、穿插，使施工质量的验收很难统一，使验收过程更趋复杂化。

3. 影响因素多不确定性大

建筑工程的施工过程漫长而复杂，而且影响施工质量的因素太多，其中的许多因素还受到自然条件（如气候）的影响而无法人为控制，因此施工质量的不确定性很大。例如，作为最基本建筑材料的混凝土，其强度取决于砂、石等地方性材料的性能，而强度的增长又取决于温度、湿度等气候条件的影响，再加上施工运输、浇筑、振捣、养护等操作的影响，实际工程中结构混凝土的实体强度就可能有很大的离散性。要求从开工到结束的成千上万立方米混凝土的强度都准确地达到设计要求的质量，实际上是很困难的。影响施工质量的因素太多，而且其对质量影响的不确定性太大，这对工程质量的验收也造成了很大的困难。

4. 涉及单位多关系复杂

建筑工程的施工过程还涉及很多不同的单位，形成错综复杂的关系。在计划经济时代，由于都属于全民所有制的“大锅饭”概念，掩盖了许多矛盾，但却容易放松对施工质量的控制，因此难以保证工程质量。在市场经济条件下，建设、勘察、设计、施工、监理、质监、检测等单位的责、权、利是不同的，出于不同的立场和角度，对施工质量的立场和要求也就有了很大的差别。

而且在建筑施工过程中，不同单位在施工质量控制和形成最终工程质量的过程中，所起到的作用也不尽相同。以至在最终工程质量验收时，就可能会产生不同意见而难以统一。这种情况在发生质量事故时尤为明显，特别是对于责任的认定往往发生意见分歧。由于在漫长的施工过程中，影响质量的不确定因素太多，要求绝对查清原因，明确责任，实际上是很困难的。再加上总包与分包的关系，这些众多单位之间的关系错综复杂。对各方共同确认，形成统一的施工质量验收结论，往往造成困难。

6.1.2 施工质量验收的原则

面对如此庞大而复杂的建筑工程施工质量验收，可以采取“化繁为简、分大为小、全面控制、重点突出”的原则解决。

1. 复杂分解为简单

任何复杂的问题，无非是头绪很多、覆盖面广。但是问题再复杂，也可以分解、再分解，一直分解到比较简单的问题为止。建筑工程的施工再复杂，也不过是包括的专业很多，涉及的工种不少，检验性质的范围很广而已。如果将建筑视为单位工程，则可以层层分解和划分：按专业可以划分为分部工程，按工种划分为分项工程，按数量划分为检验批……这样层层分解，最终就可以分解为很多相对简单的小项目。简化以后，在施工中进行质量控制，并建立相对简单的检验项目，这样无疑就会方便得多了。

当然这样的分解也不是一个简单的问题，决不能盲目、机械、不加取舍地划分，最后落实为对许多无关紧要琐碎操作行为的控制和检查。例如，传统规范要求对搅拌机转动时间（s）和拌合物下料深度（mm）这些繁琐细节的检查，就是不成功的范例。分解最后落实到真正执行的控制、检验内容，应该是重要、起关键作用的重要项目实际效果的检验。例如，混凝土的实体强度、钢筋的隐蔽工程检查等，这些都是作为质量验收应该检验的最基本的项目。

2. 巨量划分为小量

在施工质量验收中的另一个困难是检验工作量太大的问题。同样工程量巨大引起检验的困难，也可以通过分解的方法加以解决。再大工程量的施工质量控制和检验，也可以分解、再分解，一直分解到容易进行施工控制和质量检验比较小的工程量为止。最后落实为最基本单元的“检验批”，即分项工程下面的检验批。

例如混凝土的强度是必须控制并加以检验的，但是从最早的基础混凝土浇筑到最终的屋盖混凝土养护结束，不同强度等级、时间跨度长达几年的成千上万立方米混凝土如何验收？可以根据具体工程情况，按强度等级、建筑区域、立方米数量的不同原则，划分为许多检验批。这样每一批的检验内容就可以比较单一，而且检验工程量也不会太大，执行检验就不会感到困难。再大的工程量划分成无数个检验批以后，就不会太大了，而这些检验批分别检验以后，就足以对检验项目的整个质量状态，得出比较准确的结论了。

3. 强化验收

建筑工程施工质量的形成，需要从“内部控制”和“外部验收”两个方面保证。根据标准规范体制改革的原则，为了避免“普遍强制、全面包干”引起的弊病，市场经济条件下强调“验收”的作用。因此《统一标准》强化“验收”而精简了施工管理、技术、工艺、操作等方面的内容，转交由《施工技术规范》或《企业标准》解决。

这样，一方面可以解除许多约束，促进技术进步，提高施工单位的素质和竞争能力。另一方面大大简化了“验收”的内容。由于只重点检查验收那些最重要、最关键的项目，使庞大而复杂的建筑工程施工质量同样能够得到控制，就能够真正起到保证工程质量的作用了。

4. 过程控制和全面覆盖

但是强调“验收”绝不是只顾最终质量的效果，而不顾施工过程的“死后验尸”行为。因为工程质量究竟是在施工过程中，由各种操作行为形成的。因此《统一标准》规定了从原材料检验到各关键工序以及最终建筑实体功能的系列检查，具体落实为各专业验收规范中从检验批、分项工程到分部工程的一系列检验，无一疏漏。

由于建筑工程施工质量验收庞大而复杂，总共需要十多本专业验收规范的六百多个分项工程的检验批来解决所有的验收问题。这往往容易造成过分注意细节而忽视总体的倾向。《统一标准》在各专业验收规范之上，规定了全面覆盖所有专业验收规范的单位工程“竣工验收”的规定。集合了所有施工质量验收结果的竣工验收，将施工质量验收统一成为整齐、有序的体系，使无论多么庞大而复杂建筑工程的质量都成了可以认识的完整整体，这是《统一标准》无可替代的重要作用。

6.1.3 施工质量验收的划分

1. 按专业－工种划分

建筑工程的功能很多，需要由不同的专业完成。除了传统的基础、结构、建筑专业以外，还有给排水、通风、电气等不同专业的配合。由于不同专业差别太大，一般都单独编制了相应专业的《验收规范》解决。这种划分，从大的方面简化了施工质量的检验。

但是，即使是同一专业，在施工时还会涉及不同的工种。例如，混凝土结构在实际施工时就应有模板、钢筋、混凝土浇筑、养护等施工工序，涉及木工、钢筋工、混凝土工以及焊工、机械工（预应力）、起重工（吊装）等不同的辅助工种。这些工种轮流、交叉进入各个工序的施工过程，最终完成对混凝土结构的施工。为对其施工质量进行检查验收，还不得不继续按专业分类的验收，进一步划分为按工种进行的分项工程检查。这种贴近施工过程的验收才是真正反映实际施工质量的最基本的验收。

当然这一层次的验收还应该与施工单位的自检和评定结合起来。验收只起监督作用，不可能代替第一线实际生产人员的操作。工程质量是“干”出来的，而不是“查”出来的，检查验收只能是客观地反映质量状况而已。因此《验收规范》还必须与《施工规范》配合应用。

2. 按工期－工序划分

建筑工程的施工期漫长，短则几个月，长的可达几年。按专业、工种划分只解决性质相同或相近的验收类型，但如检验周期过长，影响施工质量的各种因素（材料、设备、人员、气候等）就可能有很大变化，验收结论就难以准确。因此验收还应根据施工工期划分，按阶段进行。

此外，按工序施工的过程中，还存在着各工种的交叉，必然带来质量责任的问题。因此，验收还应考虑施工（生产）的工序，来落实不同工种的责任范围。这就存在了质量检查的“互检”、“交接检”的问题。按工序划分的验收单元“检验批”，实际是按工期划分的下一层次；同时又往往与按工种的划分综合考虑，这也是施工质量验收最基本的单元。

3. 按工程量划分

建筑工程施工质量验收往往采取抽样检查的方式。抽样的范围不能过大，才能保证检验结果具有代表性。如果抽样检验的覆盖范围过大，则对应的施工工程量太大。在正常的质量波动情况下，抽取子样的代表性就很成问题，检验偶然性风险加大。因此对于验收所覆盖的工程量要加以限制，亦即检验批的大小要控制。

范围划分过大会影响抽样检验的代表性；同时批量过大，万一验收通不过（拒收），所造成的损失也难以处理。但是划分的范围过细也难以接受，因为会引起检验数量的增加，从而增加检验成本。因此实际工程中，验收批划分过大、过小都是不合适的。

4. 施工质量验收层次

由于建筑工程是庞大而复杂的系统工程，因此检查验收的层次比较多。根据上述原则，参考我国长期以来基本建设的施工验收经验，整个质量验收可划分为如图 6-1 的 4 ~6 个层次进行。图中还标注了每一个层次检查项目的数量。

第 1 层次：单位工程验收 1 项；

第 2 层次：子单位工程验收根据具体情况确定；

第 3 层次：分部工程验收 10 项；

第 4 层次：子分部工程验收 88 项；

第 5 层次：分项工程验收 612 项；

第 6 层次：检验批验收的数量根据实际情况确定，但是数量肯定更大。

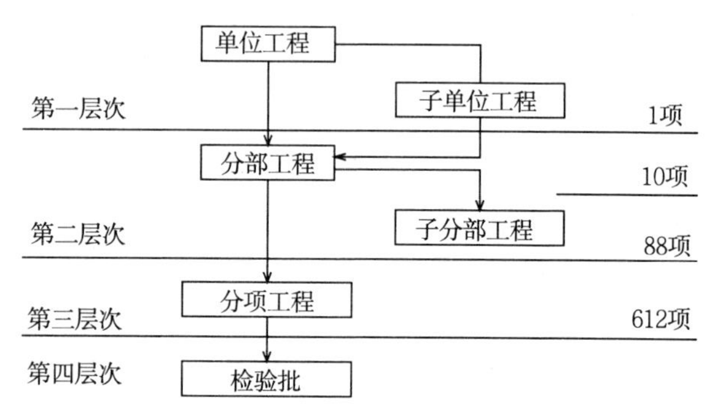

图 6-1　建筑工程施工质量检查验收层次（项的数量改正）

图 6-1 中，还列出了各个验收层次检查项目的数量。其中，只有“检验批”这一层次是实际进行的检查验收层次，其余各层次的检查都是基于下一层次检查验收资料进行的汇总性检查验收。

5. 施工质量验收体系

无论是建筑-结构类还是设备安装类的施工质量，都是从原材料-产品的进场检验开始，经历了各施工工序的检验以及施工后期对实体的检查验收，经历了如图 6-2 的检查验收过程。图 6-2还列出了各验收层次的划分原则。所有各个专业的施工质量验收，都是按照这个相同的原则而划分的。

检验批 →	分项工程 →	子分部工程 →	分部工程 →	（子）单位工程
工程量	工种	材料种类		
楼层	材料	施工特点	专业性质	独立施工条件
施工段	工艺	施工程序	工程部位	独立使用功能
变形缝	设备类别	专业系统		

图 6-2　建筑工程施工质量验收的划分原则及验收层次

6.1.4 施工质量的验收层次

根据以上原则，《统一标准》第4.0.1条将建筑工程施工质量的验收划分为以下4个主要层次。由于前两个层次又可以划分出亚层次，因此实际上共计有6个验收层次。

（1）单位工程；

子单位工程；

（2）分部工程；

子分部工程；

（3）分项工程；

（4）检验批。

其中，只有检验批是真正在施工（生产）现场执行的实际检验，其余基本都是在前一层次检验基础上进行的有关技术资料的汇总性检验。

6.2 施工质量的验收层次

6.2.1 单位工程-子单位工程（第4.0.2条）

1. 单位工程

《统一标准》第4.0.2条第1款定义“单位工程”为：“具备独立施工条件并能形成独立使用功能的建筑物或构筑物为一个单位工程。”

一个完整的建筑物或构筑物在施工完成后经过“验收”即投入使用。这最后一个层次的验收一般称为“单位工程验收”，也可以称为“竣工验收”。构成“单位工程”有以下两个基本条件：

（1）独立的施工条件；

（2）独立的使用功能。

满足上述两项“独立”要求的建筑物或构筑物，都可以作为单位工程进行验收。例如，大到功能很多的一系列复杂的建筑群体，小到一间传达室，从验收的角度来说都是属于同一层次的单位工程。尽管简单的传达室工程量极小，并且没有很多复杂的使用功能，以及相应的许多设备（如燃气、电梯等）。但是由于其已经形成了独立的施工条件，并且也具备了独立的使用功能，仍然应该视为完整的“单位工程”。

一般在施工之前，单位工程的验收范围应该提前由建设、监理、施工企业自行协商后确定。一旦确定，则通常应以此为目标编制施工组织设计及施工进度计划，在开工以后按此执行。并且收集整理相关的施工资料；逐次验收、累积，归纳、汇总直到最后按计划完成竣工验收，交付建设方面投入使用，尽量提前发挥效益。因此“单位工程验收”，意味着建筑工程施工的结束。

2. 子单位工程

《统一标准》第 4.0.2 条第 2 款定义“子单位工程”为：“对于规模较大的单位工程，可将其能形成独立使用功能的部分划分为一个子单位工程。”

在市场经济条件下，等待单位工程全部结束以后再进行竣工验收，未必是合理的事情。因为一般建筑物（或构筑物）的施工工程量都很大，要全部完成后再验收使用，可能需要拖延很长时间，积压大量的投资。而提前发挥作用，产生经济效应，应该是市场经济的重要原则。如果单位工程的规模很大，完全可以将先期完成而能够形成独立使用功能的部分提前验收，尽快投入使用，从而发挥作用，取得效益。这个能够形成“独立使用功能”的部分，就可以划分为子单位工程而提前验收。从市场经济追求效益的角度，将能够形成“独立使用功能”的部分，以“子单位工程”的形式提前验收，这是《统一标准》编制的重大改进。

3. 举例

例如，某建筑物由地下室、裙房和高层三部分构成，因此施工工程量很大，而且工期非常长。在施工时，工程整体应该作为一个“单位工程”考虑。但是在验收时，可以按照三个“子单位工程”分阶段实施。

在地下部分施工完成而开始进行裙房施工的阶段，可以对地下部分按停车场进行简单装修，并对出入口采取必要安全屏蔽措施以后，提前按停车场的功能进行“第一期子单位工程”验收，停车收费以产生实际的效益。在裙房部分完工而进入高层建筑施工的阶段，则同样可以在采取必要的安全措施以后，先行按商场或餐厅的功能进行“第二期子单位工程”的验收，开始营业而得到收入。最后高层建筑部分完成以后，作为办公楼或宾馆的功能按“第三期子单位工程”验收，同时完成全部单位工程的竣工验收而结束建筑工程。

在市场经济条件下，重视尽早产生经济效益，按子单位工程分期验收的现象将得到越来越普遍的应用。因此，在制定总体施工方案时，应该事先确定“子单位工程”的范围及应用的功能，并严格按相应的要求进行分阶段的施工和验收。这样有计划、有确定目标的分阶段验收，可以避免由于含混不清而引起不必要的纠纷，因此应该提前进行必要的安排。

6.2.2 分部工程-子分部工程（第4.0.3条）

1. 分部工程

《统一标准》第4.0.3条第1款规定：“分部工程应按下列原则划分：1　可按专业性质、工程部位确定；……”

现代建筑（或构筑物）具有非常复杂的各种功能，因此必然有众多不同专业的参加。这些不同专业的施工控制和质量验收必然要根据各自专业特点和使用功能进行。但是不同专业之间互有差别，很难一致而按统一的方式验收。因此，为了控制施工和进行质量验收的方便，应该按专业性质的不同，将性质相同或相近的验收归为一类，划分为不同的验收类型进行验收，这就是“分部工程”。由于专业性质的不同，建筑施工划分的分部工程大体有以下3类，共计10种。

（1）结构类分部工程

结构类的分部工程分为两类，包括“地基-基础”以及各种类型的“主体结构”。其作用是作为建筑的载体，承担建筑中的全部荷载和其他的作用，其验收重点是保证建筑的“安全”。

地面以下（建筑标高±0.00以下）的建筑工程为“地基与基础”分部工程。其又可分为“地基”、“基础”以及相应“施工技术”三类。地面以上（建筑标高±0.00以上）为“主体结构”分部工程。根据主要承载受力材料不同，又可分为不同的结构。应说明的是：对于建筑物中承载传力途径以内的材料或构件，应该作为主体结构进行验收。而承载传力途径以外，仅起填充、隔断作用的材料或构件，一般不再计入主体结构而应该纳入装饰装修的分部工程进行验收。

（2）建筑类分部工程

建筑类的分部工程基本也分为两类，“建筑装饰装修”和“屋面”。其作用是保证作为房屋的基本功能，起到隔绝外界，形成舒适人造空间的功能，其验收重点是保证建筑的“舒适”。

建筑的“屋面”加上“建筑装饰装修”使房屋在防日晒、雨淋、风雪等自然界气候影响方面，起到了围护、屏蔽的作用。加上建筑的装饰装修，在空间分隔、保暖、隔声、美观等方面形成了令使用者舒适的环境，更能够得到美观的享受。因此，作为重要的基本性能，应该按要求进行施工质量验收。

（3）设备类分部工程

现代社会和人类的活动越来越复杂，对建筑也提出了远比传统房屋多得多的形形色色的各种额外功能要求。为此就要安装各种专业设备，这就形成了建筑施工中许多设备类的分部工程。目前大体可以分为“给排水及供暖”、“通风-空调”、“建筑电气”、“智能建筑”、“建筑节能”以及“电梯”等6个方面，并形成了6个分部工程。由于这类工程的施工多为系统设备的安装，因此往往也称为安装类的分部工程。

（4）按工程部位划分

当然，当建筑（或构筑物）的工程量特别大或者特别复杂时，为了验收的方便，也可以按基本相同或相近的原则，按工程部位单独划分为分部工程分别进行验收。这有些类似于子单位工程的划分，只是尚未能形成独立使用功能而已。否则按子单位工程进行部分区域的检查-验收，从经济效益上是更合适的。

2. 子分部工程

《统一标准》第 4.0.3 条第 2 款定义“子分部工程”为：“当分部工程较大或较复杂时，可按材料种类、施工特点、施工程序、专业系统及类别将分部工程划分为若干子分部工程。”

工程的检查验收时，尽管按专业分类避免了许多交叉和矛盾，但是在同一专业范围内，往往检查的内容还是工作量很大而且还相当复杂。因此，为了方便质量控制和检查验收，还需要进一步将分部工程分割和划分更小的单元，这就是“子分部工程”。

子分部工程的划分原则比较灵活，可以按结构材料的种类划分，也可以根据施工程序或其他特点划分；对于设备安装类的分部工程，则最好进一步再按专业系统及类别，进行更详细的划分。子分部工程划分的原则，是根据工程的具体情况，以施工质量控制和检查验收的方便为目的。而在实际工程中普遍应用的各个专业验收规范，大多是在子分部工程的层次上建立的，因此具有很大的可操作性。

（1）结构类子分部工程

为了检查验收的方便，结构类分部工程还可以继续划分为相应的子分部工程。地基基础类的子分部工程共计 7 项，包括：对自然土体、基岩等施工处理的“地基”问题；对建筑地下“基础”的施工问题；以及施工中各种技术处理的问题，例如土方、边坡、支护、防水等。落实为《地基与基础工程施工质量验收规范》GB 50202 及《地下防水工程施工质量验收规范》GB

50208 等。

主体结构类的子分部工程也分为 7 项，主要按结构材料分类，包括：混凝土结构、砌体结构、钢结构、型钢混凝土结构、钢管混凝土结构、木结构等。由于近年材料科学发展很快，作为结构材料的品种不断涌现，本次修订增加了“铝合金结构”。“索膜构件”还未能形成独立的体系，在钢结构子分部工程中表达，不排除随着技术发展，玻璃、塑料等成为结构的可能。按照结构材料的不同，现在已经有砌体工程、混凝土结构工程、钢结构工程、木结构工程的施工质量验收规范 GB 50203、GB 50204、GB 50205、GB 50206 等共计 7 本，解决其施工质量验收问题，可以直接应用。

新型结构材料的出现（如塑料、玻璃等）以及各种过渡形态的组合结构（如钢-木、砌体-混凝土、各种形式的钢-混凝土等）的应用，将给此类结构的施工质量验收带来新的问题。目前可以参考类似的验收规范执行，不排除随着技术发展和各种新结构材料的应用，增添新的结构类验收规范。但是，应该在相应的设计规范编制完成以后，根据施工实践的积累才能编制这些新结构的施工质量验收规范，以达到设计的目标。

（2）建筑类子分部工程

建筑“屋面”的施工质量主要是为保证隔绝作用的保温隔热，防水密封及相关性能的验收，共计 5 个子分部工程，已有《屋面工程施工质量验收规范》GB 50207 解决其施工质量的验收问题。

“建筑装饰装修”的内容比较广泛，包括地面、门窗、吊顶、隔墙、饰面、幕墙以及抹灰、防水、安装等内容，共计 12 个子分部工程。已经有《建筑地面工程施工质量验收规范》GB 50209 以及《建筑装饰装修工程质量验收规范》GB 50210 等规范，可以作为施工质量验收的依据。

（3）设备类子分部工程

由于现代建筑对使用功能的扩大以及对质量要求的提高，

安装类的6个分部工程还可以进一步划分为63个子分部工程。“给排水及采暖”共计子分部工程14个，主要解决建筑物内使用者的用水以及废水排出的问题，寒冷和严寒地区还必须解决冬季采暖要求。目前已有《建筑给水排水及采暖工程施工质量验收规范》GB 50242可供应用。

“通风与空调”共计子分部工程20个，主要解决建筑物内部的空气质量（洁净及温度等）问题。例如，送风排风、除尘排烟、空调净化、制冷设备等。可按《通风与空调工程施工质量验收规范》GB 50243解决其施工质量的验收问题。

“建筑电气”解决建筑物的用电问题，以满足照明、动力、防雷等以及相关技术的需要，共计子分部工程7个。其施工质量的验收问题由《建筑电气工程施工质量验收规范》GB 50303等解决。

“智能建筑”分部工程解决建筑物的电气控制、通信等问题。这是由原标准的电气安装工程的“弱电部分”，增补了许多近代技术，扩大功能后分离出来的。目的是为了满足通信网络、办公自动化、各种监控系统（消防、安全等）的要求，共计子分部工程19个，由《智能建筑工程质量验收规范》GB 50339解决施工质量的验收问题。

为缓解土地的矛盾，只能向高空发展，现代建筑越来越高大。分部工程“电梯”就是为了解决因此而引起的垂直（或水平）交通问题。根据使用功能和设备特点，其分为3个子分部工程。施工质量的验收由《电梯工程施工质量验收规范》GB 50310解决。

“建筑节能”是新增加的分部工程，共计子分部工程5个，分别考虑围护、空调、电力、监控系统的节能问题，以及地热、太阳能等可再生能源的利用。目前这方面的施工质量要求还不太明确和具体。但是这关系到可持续发展的基本国策和我们国家和民族未来的前途。因此，内容必然会迅速丰富、完善起来，并得到坚决执行。

3. 分部工程的验收

前面简单介绍了各种类型的分部工程及子分部工程。当然，这只是实际工程中可能遇到的检验项目，而并非必然遇到的检验项目。在具体对建筑工程进行施工质量验收时，也只能检查那些实际工程中涉及的有关项目，而不必都要求检查。对于那些实际并未遇到的问题，不能列为检查验收项目。

分部工程的验收范围往往太大而难以执行，而子分部工程的检查验收范围就比较小而具体，且一般都有现成的《施工验收规范》可以利用。因此，实际工程的施工质量验收往往都是在子分部工程这一层次上进行的。在子分部工程这一层次的验收完成以后，再汇集相应的验收结果，就能够完成分部工程的质量验收了。

例如，一栋混合结构住宅建筑的“主体结构”是一个分部工程。但是，其承重墙是砌体，楼盖是混凝土板，屋顶则为钢屋架……。如果对不同材料的结构混合在一起进行检查验收，就会比较困难。但是，如果将“主体结构”分部工程按材料种类划分为“混凝土结构”、“砌体结构”、“钢结构”，甚至“木结构”及其他结构的子分部工程，分别就相应的各本《结构验收规范》进行检查、验收。再将这些检查验收结果汇总、集合，就可以比较顺利地完成整个主体结构的检查验收了。

再例如，建筑“装饰-装修”的分部工程内容太广泛，混在一起进行实际工程的检查验收就很不方便。但是将其分解为“门窗”、“吊顶”、“抹灰”、“涂饰”、“幕墙”、“饰面”等子分部工程，实际进行施工质量验收时，就可以根据具体情况分别选择相应的《施工验收规范》进行检查验收，再集合成为一个完整的分部工程加以验收就可以了。因此设立分部工程-子分部工程这两个验收层次，就大大方便了实际工程中的验收。

6.2.3　分项工程（第4.0.4条）

1. 划分原则

《统一标准》第4.0.4条规定：“分项工程可按主要工种、

材料、施工工艺、设备类别进行划分。”

子分部工程的划分已经比较详细了，但是作为检查项目仍然缺乏可执行性。其往往还是从原材料到施工过程各个工序的综合结果。要进行施工质量的全面检查验收，不但工程量太大，而且比较复杂。因此为了方便检查验收，还必须继续分解，将“子分部工程”进一步划分为更小的单元，这就是“分项工程”。

为了检查验收方便，分项工程的检查内容必须避免交叉，而是越单纯、越简单越好。因此，结构、建筑类的子分部工程，通常按工种、材料和施工工艺而划分。对于设备安装类的子分部工程，则往往根据设备类别成套（组）地划分而进行检查、验收。

（1）建筑-结构类分项工程

结构类和建筑类的施工特点是现场建造，施工质量主要取决于原材料以及各工序、工艺的操作。因此，分项工程按主要工种、材料、施工工艺来进行划分，以方便施工控制和质量验收。但有时一些分项工程要由几个工种交叉配合施工才能完成，完全按工种划分过于零碎、繁琐。也可以按施工工艺过程（程序）和使用材料的不同来划分。

例如，混凝土结构子分部工程就按主要工种及施工工艺过程划分为模板（木工）、钢筋（钢筋工）、混凝土（混凝土工）等分项工程。但有些分项工程涉及多个工种的交叉配合，例如预应力分项工程就涉及钢筋工、机械工等；装配式结构分项工程还涉及吊装工、焊工等，且为结构综合类型的验收。因此，具体划分也需要根据传统施工验收的习惯及实际验收操作的方便来确定。建筑-结构类分项工程共174项，其中地基基础类49项、主体结构类51项、装饰装修类51项、屋面类30项，基本覆盖了建筑施工的全部内容。

（2）设备安装类分项工程

设备类的施工特点是：各种设备基本都是由外界提供的配

套产品，施工的主要任务是现场安装、调试、运行，达到应有的使用功能。因此为施工及验收的方便，一般按设备类型和相应的技术工种来划分。但有时为了施工和验收的方便，也可以根据工程特点按系统、区段划分。这种划分同时也是为了分清责任。

例如，对于室内给水系统子分部工程，就可以按设备类型和系统划分为：给水管道及配件、给水设备和消防系统（室内消火栓系统）三个系统来施工和验收。同时由于这些给水管道都存在着防腐和绝热（保温、防冻）问题，因此还应包括相应的分项工程专门进行验收。

随着技术的发展，建筑物使用功能越来越复杂。近年以来这部分检测验收的工作量大大增加，分项工程的数量达到438项，数量相对很多，是本次修订增加最多的部分。但由于专业的差别和设备的系统性较强，具有很大的相对独立性，因此各分项工程之间的交叉、互相干扰相对较少，不会给验收带来过多的麻烦。而且一般设备都有相应的产品标准和技术要求，按此检查、验收就可以了。

2. 举例

例如，作为子分部工程的“混凝土结构”，其施工过程复杂，性能要求很多，在实际工程中进行施工控制和质量验收往往无从下手，而且很难执行。但是如果按结构材料（混凝土、钢筋、预应力筋等）、工种（木工、钢筋工、混凝土工等）、施工工艺（模板、钢筋加工-安装、预应力张拉-放张、原位现浇、预制装配）等的不同而进一步划分为模板、钢筋、预应力、混凝土、现浇结构、装配式结构几个分项工程进行检查验收，再加上子分部工程层次上的“结构实体检验”，则混凝土结构的施工控制和质量检查验收，就可以有效地得到控制了。

又例如，作为“装饰-装修”分部工程中子分部工程的“门窗”，类型太多而难以统一检查验收。如果分解为不同类型“木门窗安装”、“金属门窗安装”、“塑料门窗安装”、“特种门窗安装”、“门窗玻璃安装”的施工安装分项工程和“窗帘盒和窗台板制作与安装”、“门窗套制作与安装”等细部施工规定的分项工程，则这个复杂的验收问题就不难解决了。

6.2.4 检验批（第4.0.5条）

1. 检验批的作用

《统一标准》第4.0.5条规定：“分项工程可根据施工、质量控制和专业验收的需要，按工程量、楼层、施工段、变形缝进行划分。”

施工质量控制和验收的划分，到了“分项工程”的层次，检查验收的内容已经相对比较简单了，有时候最基础的验收就是以分项工程的方式进行的。但是在大多数情况下，验收的实际操作仍有一定困难。如果施工工程量很大，或施工过程和周期过长，就可能造成对施工控制和质量验收不便。同时如果检查的覆盖范围太大，被检验的质量不稳定，代表性就差，造成“错判”和“漏判”的风险可能就很大。因此还必须进一步将类型、性质相同或相近的分项工程按工程量进一步划小，以便于验收，这就是“检验批”。

“检验批”是施工质量检验最基础的真正执行的检验层次，是建筑工程验收的基本单元。作为工程验收的细胞，这是真正在施工现场进行的，面对实际工程的检查、验收。施工质量的实际情况也只有靠这个层次上的检查、验收才能够得以反映。相比之下，分项工程、子分部工程、分部工程、子单位工程和单位工程的验收都是基于检验批的不同层次汇总验收而已。

2. 检验批的划分

“检验批”划分的原则比较灵活，是以施工时方便质量控制和检查验收而确定的，一般按工程量划分。具体到实际建筑施工中，往往按楼层划分，每一层为一个检验批。这样施工控制和质量验收都比较方便，由于工程量不大，质量波动很小而且均匀性好，检验风险也小。即使发生意外的验收结果，影响的范围也很有限——因此而引起需要处理的工程量也不会太大。

当工程量比较大时，可以按施工段、变形缝进行再划分，使真正执行的检验批处于一个适当的数量。既不能太小，使检验批数量太多而引起检测工程量的增加和检验成本的加大；也不能太大，影响检验结论的稳定性而造成风险。这是一个需要综合考虑的问题，在所有的各专业《施工验收规范》中，对检验批的选择，都有明确的规定。同时还有在一定条件下“复式抽样再检验方案”和“调整型的抽样检验方案”的规定。实际工程检验时，应根据施工质量控制方便和不同专业、工种验收的特点而确定其检验的范围。

3. 检验批的验收

检验批的验收是以施工单位自行检查评定为基础进行的。因此，检验批验收需要施工单位的密切配合。验收不能单纯理解为建设（监理）方面的事情。因为实际决定工程质量的是原材料的质量和施工单位实际施工人员的操作水平。验收对施工质量的控制也只能是抽查复核性质的。因此，检验批的验收必须紧密联系工程实际情况，在自检评定的基础上进行。

此外，为便于检查和分清责任，往往要根据工作班或施工段，按互检、交接检进行验收以明确责任。也可以按楼层-变形缝界定范围，以方便施工和验收。万一质量缺陷影响验收的进程，也仅限于局部区域。可以方便地进行处理，随时再次验收，基本不影响后续工序和施工进程。

4. 举例

例如，根据《混凝土结构工程施工质量验收规范》GB 50204 进行“混凝土”分项工程的验收时，对一个建筑物从基础到屋顶的全部混凝土施工质量，要在一次检验中完全解决，就有很大的难度。理由如下：

过程工序太多：从原材料到配比、搅拌、运输、浇筑、振捣、养护、拆模等；

数量大时间长：体量可多达几千立方到几十万立方；时间

起码几个月，多达几年；

检验方式多：具有强度等级、外观质量、尺寸偏差等很多不同的检验方式；

验收风险大：一次性检查验收的方式风险比较大，可能因为错判、漏判而造成损失；

影响施工进程：根据过程控制原则，检验范围太大可能影响后续施工的进行。

因此，“混凝土”分项工程有必要进一步划分为性质更单一，风险减小且可以随时验收而基本不影响施工进程的各种最小验收层次——检验批。

（1）水泥的进场验收

例如，作为原材料复验的“水泥检验批”的检验规定如下：

检验内容：以进场（厂）时的品种、级别、包装（或散装仓号）、出厂日期等，对其强度、安定性和凝结时间进行复验。当对水泥质量有怀疑或水泥出厂超过三个月（快硬硅酸盐水泥超过一个月）时，还应进行复验并按复验结果使用。

检查数量：按同一生产厂家、同一等级、同一品种、同一批号且连续进场（厂）的水泥，袋装不超过200t为一批，散装不超过500t为一批，每批抽样数量不应少于一次。

检验方法：检查质量证明文件和抽样复验报告。

总之，这条检验要求针对水泥材料的特性和对结构性能的影响，对其检验批数量、检验内容、检查方法、特殊情况的调整等，都做出了详细的规定。

（2）混凝土的强度验收

而对影响结构安全的关键项目“混凝土强度等级”，则规定如下：

检验要求：应在混凝土浇筑地点随机抽取样并标准养护，且标养试件的强度必须满足设计要求结构构件混凝土的强度。

检验数量：试件取样和留置的数量规定为：每工作班、每100盘且不超过100 m^3 的同一配合比混凝土取样不得少于一次；

连续浇筑超过1000 m^3 时，每200 m^3 取样不得少于一次，每一楼层取样不得少于一次，每次取样至少留置一组试件。

检验方法：检查施工记录及混凝土标准养护试件试验报告，按混凝土强度检验评定标准的要求验收。

这种根据混凝土结构施工特点而作出的不同规定，完全是为了便于施工控制，真正地反映施工质量，确保验收结论正确。

6.2.5 其他形式的检验

1. 设备安装类的检验

对于“设备类”的检查验收，由于许多工作是以成品或部件的形式进入现场的，因此现场施工量就相对比较少，也比较简单。而且对于“设备类”分部工程或子分部工程，往往都是以成套“设备系统”的形式供货的，现场施工主要是系统设备安装的过程。因此分项工程的检查验收内容，几乎无一例外地分为“进场验收”、“设备安装”、“系统试验”与“概念调试”这几个阶段。而且这类设备的安装、调试还必须有相关的专业人员参加，一般都有专门的标准规范或者产品性能要求，照章执行就可以了。

2. 对工程实体的检验

《统一标准》为了真正保证最重要关键性能项目的施工质量，落实了强化验收甚至还规定在施工完成以后，补充进行“实体检验”，真正检验从原材料直到各个工艺施工质量的综合效果。例如，《混凝土结构工程施工质量验收规范》GB 50204还在子方部工程验收的层次上，增加了对结构混凝土“实体强度”检验的要求。

该规范规定：“对涉及混凝土结构安全的有代表性的部位应进行结构混凝土强度的实体检验”。检验的方式可以采用同条件养护试块或回弹-钻芯的综合方法按规范的规定执行。结构实体检验应在监理工程师见证下，由施工项目技术负责人组织实施。承担结构实体检验的机构应具有法定资质。

这样基于检验批的层层检验，施工中“混凝土强度”这一重要、关键的性能就得到了比较充分的保证。

6.2.6 室外工程（第4.0.8条、附录C）

1. 室外工程的作用

《统一标准》第4.0.8条规定：“室外工程可根据专业类别和工程规模按本标准附录C的规定划分子单位工程、分部工程和分项工程。”

完整的建筑工程，不仅应该包括建筑物本身，还应该包括“建筑红线”以内的其余部分，这部分工程称为“室外工程”。“室外工程”是建筑工程不可分割的部分，是保证建筑正常使用所必需的。与建筑物的主体比较，室外工程的工程量相对较小，也比较简单。但是其同样具有独立的施工条件和独立的使用功能。因此，往往仍按单位工程验收。

同样室外工程也存在着施工控制和质量验收的问题。因此也必须进行施工质量的检查验收。其划分的原则与建筑工程基本一致，也可以划分为单位工程、子单位工程、分部工程和分项工程。由于检验内容相对比较简单，因此并未列入子分部工程这一验收层次。

2. 室外工程的划分

根据“能够形成独立的施工条件，并形成独立使用功能”的条件，室外工程可以分为“室外设施”和“附属建筑及室外环境”两类。又根据“独立使用功能的”要求，可以再分割为“道路”、“边坡”、“附属建筑”以及“室外环境”4个子单位工程。当然，还可以根据类似的原则继续划分为更小的分部工程和分项工程。

例如，子单位工程“附属建筑”就可以划分为“大门”、“围墙”、“车棚”和“挡土墙”等分部工程，还可以按材料、工种、工艺作分项工程的划分。一切根据施工控制方便和检查验收合理为原则，按实际工程情况而确定。

室外安装又可以划分为室外的给排水、采暖以及室外电气。前者包括给水系统、排水系统和供热系统，后者包括供电系统及照明系统。这部分设备安装施工质量的验收类似于前述设备安装类的工程验收，只是都在室外而已 。在大多数情况下，是进入建筑物之前的管道、线路及相应的附属设备安装问题。

6.3 质量验收方案

6.3.1 建筑工程验收的项目（第4.0.6条、附录B）

1. 建筑工程的划分

《统一标准》第4.0.6条为引导性条文，其引示："建筑工程的分部工程、分项工程划分宜按本标准附录B采用。"而附录B，则是"建筑工程的分部工程、分项工程划分"的具体表格。

2. 建筑工程验收项目总表

附录表B为"建筑工程的分部工程、分项工程划分"总表，介绍如下：

整个建筑工程可以划分为10个分部工程。为了施工控制和质量验收的方便，在分部工程以下，根据材料种类、施工特点、施工程序、专业系统及类别可以再划分为88个子分部工程和更为详细的612个分项工程。各分部工程的名称，以及子分部工程和分项工程的数量如表6-1所示。

建筑工程各验收层次的数量及变化　　表6-1

分部工程	子分部工程数目			分项工程数目		
	2001年版	2013年版	增加	2001年版	2013年版	增加
地基与基础	7	7	1.00	47	51	1.09
主体结构	6	7	1.17	43	49	1.14
建筑装饰装修	10	12	1.20	31	44	1.42
屋面	5	5	1.00	18	30	1.67

续表

分部工程	子分部工程数目			分项工程数目		
	2001 年版	2013 年版	增加	2001 年版	2013 年版	增加
建筑给水排水及供暖	10	14	1.40	38	73	1.92
通风与空调	7	20	2.86	54	153	2.83
建筑电气	7	7	1.00	51	59	1.16
智能建筑	10	19	1.90	40	109	2.73
建筑节能	—	5	—	—	16	—
电梯	3	3	1.00	28	28	1.00
总　数	65	88	1.35	330	612	1.85

3. 验收项目变化的分析

表6-1还列出了2001年版《统一标准》中同样的验收项目数目，并进行了对比。从中可以看出，进入21世纪的最近10年以来，建筑工程的变化趋势。

（1）数量增加

近年，建筑工程施工质量检验的项目大大地增加了。子分部工程的数目由65项增加到88项，分项工程的数目由330项增加到612项，分别为原来的1.35倍和1.85倍。

（2）结构类检验基本稳定

在检查验收的项目中，传统的结构类检验项目变化不大。在子分部工程的层次上，“地基与基础”基本无大变化，仅分项工程数目增加了9%。“主体结构”的数目增加了1项，分项工程数目增加了14%，处于基本稳定的状态。

（3）建筑类检验内容增加

传统建筑类的检验项目有所增加。“建筑装饰装修”和“屋面”在子分部工程的层次上基本稳定或稍有增加。而分项工程的数目分别增加了42%和67%。这表明，由于建筑形式的多样化发展，对观感需求的提高和与外界隔绝技术的发展，对建筑功能的要求增加了，相应的检验内容同时有了增加。

（4）设备类检验明显增加

造成检查验收项目大大增加的主要原因，是设备安装类检验项目成倍增加。“给排水-供暖”、“通风-空调”、“建筑电气”、“智能建筑”与“电梯”这5个设备安装类分部工程中，子分部工程的数目由37个到63个，增加了70%；分项工程的数目由211个到422个，增加了100%。这说明随着经济发展和技术进步，对建筑在使用功能方面的要求呈大幅度增加的趋势。

（5）建筑节能受到重视

本次标准修订，增加了“建筑节能”的要求，并单独列为一个分部工程进行检查验收。尽管目前内容尚不多，仅5个子分部工程和16个分项工程，但是意义重大。反映了我国“四节一环保”的可持续发展国策和建筑业由资源-能源消耗型产业向“绿色产业”过渡的趋势。可以肯定，将来这方面的内容还将大大地扩充和丰富起来。

4. 建筑发展趋势的分析

（1）建筑观念的转变

进入21世纪以来，随着我国进入“小康”的发展阶段，对传统建筑业的观念有了明显的变化。作为“土木工程”的“建筑业”，过去多被单纯理解为“房屋”。因此作为“载体”的“结构”和起“隔绝”作用的“建筑”，往往在对建筑功能的要求和工程造价中，占有很大的比例，并作为建筑业的主体而成为考虑的主要因素。

然而，随着社会进步，技术发展和生活水平的提高，对建筑提出了越来越多功能方面的需要和越来越高的质量要求。以至传统作为房屋主体的“结构”和“建筑”，从作用和造价上已经逐渐退居次要地位了。而各种使用功能的要求和在建筑业中所起的作用和比重，却越来越显著。这从上述质量验收表格的变化中，已经明显看到了这种趋势。

（2）建筑业的发展趋势

传统建筑业以建造可遮蔽风雨，供人栖息的简单房屋为主，建筑材料也多取自自然，因此是大量消耗资源和能源的劳动密集型行业。然而文明发展和技术进步到现在，对建筑业提出了远高于传统房屋的各种要求。这种社会需求决定了建筑业的发展趋势，建筑业将不再是单纯“土木工程”的概念，而将成为汇集许多专业和复杂技术的综合性技术密集型行业。适应这种变化，建筑业的从业人员必须摆脱传统观念的束缚，努力学习，提高素质，紧跟技术进步，适应行业的发展和变化。

而当前的重要任务是实现建筑的产业化进程，将尽可能多的施工工程量由施工现场转移到工厂中完成，以节约资源-能源，提高效率，减少人力，保护环境并保证工程质量。除此以外，从长远看，基建高潮过去以后，我国还面临几百亿平方米质量较差且安全度不足既有建筑的检测、加固、改造的巨大压力。因此可以预料，建筑工程施工的内容也将发生变化，《统一标准》及其指导下的各专业《验收规范》也将有较大的变化，并得到进一步的发展。

6.3.2 质量验收方案（第4.0.7条）

1. 验收方案的必要性

前述内容已经反复论证了建筑工程施工质量检查-验收的复杂性。因此，面对如此数量庞大而纷繁复杂的验收项目，采用“摸着石头过河”的方法是绝对不行的。在实际施工过程中必须做到提前准备，才能有条不紊地从容应对。施工前一定要有事先周密的筹划，这就提出了制定施工质量检验方案的要求，以及发生意外时的应急处理措施。

2. 验收方案的内容

《统一标准》第4.0.7条规定：“施工前，应由施工单位制定分项工程和检验批的划分方案，并由监理单位审核。”

施工质量检查-验收方案的主要内容是分项工程和检验批的

划分，并形成根据施工区域和进度制定详细检查验收的方案。其内容包括以下几个方面：

（1）检查-验收的项目

在施工图审查时，施工单位就应该根据实际工程情况，确定所有应该进行检查验收的项目。包括专业类别、项目名称、检验内容等，并对全部检验工作量作出估计。

（2）分项工程和检验批的划分

确定检验项目以后，还需要进一步划分，直到的分项工程和检验批，并由此计算出需要检验的数量。因为“分项工程”和“检验批”的检验是施工过程中必须实际执行的工作，事先必须实实在在地得到落实。

（3）验收计划和进度时间

应该按施工区域划分和施工进度，以及检查-验收的实际工作量，根据本单位的检验能力和技术条件，制定详细的检查验收计划。根据拟定的施工进度，组织、安排检验力量（人员、设备、委托……），落实检验工作。这样，随着工程施工活动的开展和进行，检验工作才能够有条不紊地配合而无一疏漏地完成。

（4）不同专业项目交叉的安排

还应该注意的问题是：不同专业检验项目交叉时的安排。因为实际施工时，不同专业的施工是穿插进行的，难免有交叉、重叠的情况。应该在施工图审查时发现这些问题，并在检查验收方案中作出恰当的安排。由于各专业验收规范往往只考虑本专业的验收问题，而并不考虑其他专业的关系，因此这个问题往往被忽略而引起矛盾。

例如，在《混凝土结构工程施工质量验收规范》中，在浇筑混凝土以前必须进行隐蔽工程检验。但是在该规范中只强调了对钢筋工程施工质量的检验，而未提及各种管道、线路以及预埋设施的检查验收，因此往往发生遗漏、错埋等错误，甚至留下隐患。在专业验收规范中无法解决的问题，只能在《统一标准》中解决，表达为在验收方案中要求进行综合考虑。

（5）意外情况的应急预案

一般情况下，按既定的方案执行检查、验收应该是没有问题的。但是往往在施工过程中会遇到意外情况，这时原定的检验计划无法执行，往往就会因为忙乱而出差错。因此，方案中还应该包括事先设定的“应急预案”。一般情况下，针对不同的意外通过预案都可以给出解决方法。当然对于特别严重的偶然事故，还应该采用其他更彻底的手段加以解决。

（6）特殊项目的检查验收

如果建设方面提出了非常规性的特殊功能要求，超越了附录 B“建筑工程的分部工程、分项工程划分”总表的范围，检查-验收就可能缺乏依据而造成困难。对于这些特殊项目的检查验收，《统一标准》也给出了解决的方法，容后详述。

3. 验收方案的确定

施工单位应该在施工图审查后，即根据工程实际情况和本单位的条件，制定检查验收的具体方案。并应在施工前就交给监理方面审查，做到双方都心中有底。双方确认以后，在以后漫长的施工过程中，按此方案执行就可以了。

4. 特殊项目的验收方案

《统一标准》第 4.0.7 条还对特殊项目的验收作出规定：“对于附录 B 及相关专业验收规范未涵盖的分项工程和检验批，可由建设单位组织监理、施工等单位协商确定。”

由于现代技术迅速发展，建设方面往往提出非常规性的特殊功能要求，检查验收就可能缺乏依据而造成困难。因此，如果遇到了附录 B“建筑工程的分部工程、分项工程划分”总表中没有的项目，则这些分项工程和检验批的名称、内容、划分的数量、时间、与其他项目交叉时的安排等，也只能自行确定了。

这些统一标准未能涵盖的项目，应该由于建设方面主持，提出检查验收的要求，组织监理单位和施工企业共同协商、确定。一般情况下，这些项目都有类似的既有检查验收项目作为参考，因此确定检查-验收的要求，在一般情况下并不困难。

当然，确定的检查-验收内容必须满足建设方的要求，同时施工企业的技术、装备条件也能够满足才行。监理可以代表建设方通过检查、验收而达到应有的目标。但是，超越现有条件不切合实际的要求是注定达不到的。这一点在制定方案时，应特别注意。

7 建筑工程的质量验收

7.1 质量检查验收的原则

7.1.1 验收程序

与验收项目的划分相反，施工质量验收执行的是一个逆过程，是由简单到复杂，由小量到大量逐步积累的过程。与上一章由单位工程逐级分解、划分到检验批的顺序相反，实际工程中的检查验收是从最基础的检验批开始，积累为分项工程，再积累为子分部工程和分部工程，最后积累、汇总为单位工程而竣工验收的。这个验收的程序也符合从逐个解决简单问题而最后破解复杂问题，从逐个解决小问题从而化解大问题的逻辑思路。

7.1.2 验收原则

由于建筑工程的施工是转瞬即逝的活动，因此不可能全过程地检查所有影响质量的环节，只能采用以下方式，控制施工质量并进行检查验收。

1. 检验批的检查验收

施工质量的检验是从“检验批”开始的。检验批是实际在施工现场执行的最真实、最基础的实际检查-验收。在所有的专业《施工验收规范》中，都对检验批这一层次的检查、验收作出了详细的规定，包括：检验批的名称、范围、容量和抽取子样的数量、检测内容、检查方法、检验指标、合格条件的判断、意外情况时的处理等，因此都具有可操作的执行性。

2. 施工单位的作用

还应该指出的是：建筑工程的施工质量实际是由施工单位施工操作而形成的，检查验收只不过是反映这种质量的状态而已。因此应该特别重视施工单位的作用。《统一标准》指出：检验批的验收是在施工单位“自检评定”的基础上进行的，因此并不是凭空的检验。“自检评定”属于施工单位内部《施工规范》的范畴，并不属于各方共同执行的《施工验收规范》。但是，由于是最基层生产班组质量员和工地专业检验员在广泛内部检查评定后，才进行的外部“验收”。因此尽管只是“抽样检验”，但这种在自检评定后的检查，对施工质量的反映还是比较真实、全面的。因此对于检验批的检查、验收，施工单位和监理（建设）单位都必须十分重视，认真对待，真实执行。

3. 检验资料的作用

除了检验批是真实执行的检查层次以外，分项工程、子分部工程、分部工程直到单位工程的各验收层次，都因为验收工作量太大且太复杂而实际上无法执行。因此只能以检查验收资料的形式进行。具体方法是汇总下一层次的检查验收资料，按一定的要求进行核查。只要这些资料是真实、全面的，就可以通过有关资料的核查，积累到规定的数量以后，判断本层次的施工质量状态，作出验收的结论。

这样，积累、汇总检验批的验收资料，以判断分项工程的验收；积累、汇总分项工程的验收资料，以判断子分部工程的验收；积累、汇总子分部工程的验收资料，以判断分部工程的验收；积累、汇总分部工程的验收资料，就可以判断子单位工程和单位工程的验收。

可以看出检验资料在验收中所起到的重要作用。建筑工程施工质量的验收，基本是以检验批的检查-验收和以后各层次验收资料的积累、汇总而完成的。

4. 检查验收的各种形式

应该指出的是：建筑工程施工质量的验收，并不完全依靠各层次验收资料的积累、汇总的判断，其中还要穿插一些辅助性的检查、验收。其形式多种多样：有对已有检验结论检验批的"复验"；为加强公正性而执行的"见证检验"；有在各层次检验中的"观感检验"；有在施工后期进行的反映综合性能而直接针对工程的"实体检验"等。

这些在不同验收层次中插入的辅助性抽样检查、验收，尽管检验工作量不大，但是扩大了检验的覆盖面，提高了检验的真实性和科学性。避免了完全依靠资料验收可能造成脱离实际的片面性。对保证施工控制和工程质量，起到了很重要的作用。

7.1.3 验收资料的填写（第5.0.5条）

由于验收资料在检验中的重要作用，对于施工质量各个层次的检查-验收资料的形成，提出了要求。《统一标准》第5.0.5条规定了建筑工程施工质量"验收记录"的填写，即对各层次验收资料的形成，提出了详细的要求。检验批、分项工程、分部工程、单位工程的具体要求在标准附录E、附录F、附录G、附录H中分别表达，在下一节中详细说明。

7.2 施工质量验收方法

7.2.1 检验批的验收（附录E）

《统一标准》第5.0.5条第1款规定："检验批质量验收记录可根据本标准附录E填写，填写时应具有现场检查原始记录"。这里应该重点理解以下几个问题：

1. 验收的代表性

与传统施工标准规范的最大不同是："验收"强调有关各方对施工质量是否合格的共同确认。因此，验收记录中必须反映有关各方的态度。具体表现为标准附录E"检验批质量验收记录"中，施工单位的检查结果和监理单位的验收结论。前者是内部“自检评定”的结果，而只有后者从外部的角度确认并给出肯定的意见，是“外界验收”的结论。因此，《统一标准》从最基础的检验批开始，就体现了标准改革“验评分离，强化验收”的原则。

为了保证验收结论的有效性，还必须有双方有关人员的签字。代表施工方面签字的是专业工长和专业质量检查员，代表监理（建设）方面签字的是专业监理工程师。

2. 检验的内容

作为最基础的检验批，不同专业、不同工种、不同项目的检验内容差别是很大的。但是已经有相应的各专业《施工验收规范》提出了具体的检验要求。《统一标准》高度概括，在附录E的表格中表达了检查-验收的要求。该表格将验收项目分为“主控项目”和“一般项目”，根据该检验批的抽样数量，按设计及有关标准规范的检验要求进行检查验收，因此检验项目能够覆盖应该验收的范围。

表格要求逐项填写检查的简要记录，并且给出检查的结果。根据对所有项目检验的结果的汇总，就可以判断该检验批是否符合施工质量验收的要求了。因此，附录表E的形式尽管比较概括和抽象，但是与具体的各专业《施工验收规范》的检验要求结合，检验的内容和方法还是很容易落实的，而且具有可操作性。

3. 检查的真实性

《统一标准》非常强调检查验收的真实性，规定了“应具有现场检查原始记录”。特别应该注意的是“现场”和“原始”两个用词，因为这是保证检查的真实性的关键。由于附录表E的表格仍不是最原始的施工现场检验记录，而是由各种项目检验汇总、集合而形成的验收总表。因此还必须以各种在施工现场填写的原始检查记录，作为检验批验收表格填写的依据。

我国实行市场经济以来，由于管理不力而造成诚信缺失的情况时有发生。施工质量验收中的弄虚作假行为也实际存在。

这些现象都可能影响验收的实际效果，甚至造成工程隐患。因此坚持检查的真实性非常重要。一般现场填写的原始记录可能潦草、凌乱，但有比较可靠的真实性，而事后编写的文件难免有自相矛盾之处，内行的检查人员不难找出其中的漏洞。当然，这已经属于职业道德和市场秩序的问题了，不是技术标准规范所能够解决的。

4. 有可追溯性

作为实际进行的最基础、最真实的检验，必须有可追溯性，以便在有需要的时候可以还原检查验收的真相。因此附录表 E 的表格中要求明确填写检验的时间、地点、单位工程、分部工程、分项工程名称、检验批的编号以及所在的区域，以及所有参加检查验收有关人员的名单。这样就使整个工程验收具有了可追溯性，在需要时可以通过查阅有关的原始检查记录，基本搞清楚施工过程中的所有事实。

5. 资料的作用及保留

施工验收资料（包括检查的原始记录）都应该妥善保留，存档备查。这样做主要是为了彰显检验的真实性，满足验收的需要，起到上一个层次质量验收依据的作用。另一方面还有其长远的作用：将来有必要核查时，可以提供追本溯源的线索。例如，事故时的责任认定；发现工程隐患并加以消除；检测加固-再设计时的依据；既有建筑改建、扩建的条件等，都得依靠这些真实的原始资料。否则盲目摸索，不确定性太大，工作将十分困难。

我国传统建筑施工比较粗放，很少留下完整的技术资料。这给现在几百亿平方米既有建筑的计算复核、消除隐患、检测加固、改建扩建造成了很大的困难。这种不良习惯应该坚决改正。今后，所有的施工验收资料必须妥善保留，存档备查。这是改进管理素质，提高建筑业水平的重要方面。

7.2.2 分项工程验收（附录F）

《统一标准》第5.0.5条第2款规定："分项工程质量验收记录可按本标准附录F填写"。这里应该重点理解的问题，除了验收的真实性、可追溯性和要求保留资料以外，尚有以下的特点：

1. 验收的代表性

验收记录中必须反映有关各个方面的态度，因此必须有施工单位和监理（建设）方面的参加。代表监理（建设）方面的是专业监理工程师；由于验收的等级提高了，代表施工方面的是项目专业技术负责人。

2. 检验内容

与检验批"填写记录"的方式不同，分项工程层次上的检验以"资料审核"的形式为主。分项工程是内容相同各检验批的集合，因此可以利用已经过检查-验收的资料，逐一审查核对，根据各检验批的验收资料，按名称、容量、部位（区域）分栏填写，并表达施工单位检查评定的结果和监理单位验收的结论。

3. 验收条件

分项工程施工质量的验收，基本没有现场的检查活动和相应的记录，完全是以"资料审核"的形式完成的。这种以下一个层次检验资料为检查验收依据的验收方式，是以后各层次验收的主要方式。

7.2.3 分部工程（子分部工程）的验收（附录G）

《统一标准》第5.0.5条第3款规定："分部工程质量验收记录可按本标准附录G填写"。这里应该说明的是：子分部工程与分部工程基本处于同一验收层次，因此检查验收的方式基本相同，不再另外说明。分部工程（子分部工程）除了验收的真实性、可追溯性和对资料保留的要求以外，尚应该重点理解以下问题：

1. 验收的代表性

验收的等级提高了，因此参与验收的方面增加了。由于某些分部工程涉及地基基础，有些还涉及建筑、结构、节能，因此勘察、设计方面也应该参加相应分部的验收。同时，相应参与验收人员的资格也提升了：施工单位、勘察单位、设计单位都应由项目负责人参加验收并签字，而监理单位则应由总监理工程师参加。

2. 资料检验的内容

分部工程（子分部工程）检查验收的范围和复杂程度大大地增加了，但是依靠验收划分-聚合的原则，仍然可以采用对下一层次验收资料审查、复核的方式，实现施工质量的检查验收。在附录表G中，列出了分部工程、子分部工程的名称和所包含所有分项工程的名称以及相应检验批的数量。这就非常清楚地表达了该分部工程（子分部工程）应有的全部检查内容。同样，通过审查、复核这些下一个层次检查-验收的资料，就可以完成“质量控制资料”的检查验收。

3. 安全和功能的抽样检验

除了“质量控制资料”的检查以外，在分部工程（子分部工程）这个层次中，还增加了对安全、节能、环保和主要使用功能有关项目抽样检验的要求。由于这些项目显而易见的重要性，只靠施工过程的控制还不够可靠。因此《统一标准》要求在分部工程（子分部工程）这个层次上，还需要直接对实际工程进行综合性能的抽样检验——实体检验，直接确定其是否符合应有的要求。这些涉及安全和功能的抽样检验要求，在各专业的《施工验收规范》中都有明确规定，应照章执行，在验收时，往往还须有勘察或设计方面的参加。

4. 观感质量检验

根据我国施工验收的习惯，在分部工程（子分部工程）验收之前，还应该进行观感质量检验。主要形式是在资料审核和抽样检验通过以后，参加验收的人员参观施工现场，观察和询问了解施工情况，根据主观判断，得出是否验收的结论并提出改进的意见。尽管由于建筑装修的屏蔽，这样的检查很难发现深层次的问题。但是施工质量往往是有相关性的，有经验的检查人员还是可以根据观感，判断其施工质量和管理水平，并指出其中的缺陷和不足。观感质量检验的目的是发现肉眼可见的缺陷，提出整改意见。这避免了用户再发现这些缺陷，引起处理上的更大麻烦。

7.2.4 单位工程的验收（附录H）

《统一标准》第5.0.5条第4款规定："单位工程质量竣工验收记录、质量控制资料核查记录、安全和功能检验资料核查及主要功能抽查记录、观感质量检查记录应按本标准附录H填写。"标准的附录H则具体地以4张表格，详细表达了单位工程验收应该检查验收的内容。单位工程施工质量验收仍然以资料核查为主，检查、审核已有的各种检查验收记录。当然，由于覆盖更大的范围和更复杂的问题，也有其特殊性。下面分别加以介绍：

1. 质量控制资料核查

与分部、分项工程的验收方式相似，单位工程仍然以质量控制资料核查的形式为主，但是内容大大地扩充了。《统一标准》的附录表H.0.1-2中，除了要求有完整的分项目工程、分部工程的质量验收记录以外，还提出需要检查许多控制施工质量关键环节的技术文件。例如，图纸会审记录、设计变更通知、工程洽商文件、材料和设备进场的试验检验报告、见证检测报告、施工日志、隐蔽工程验收记录、事故处理资料、新技术论证及施工文件、设备调试记录……因此，单位工程的资料的核查，并不是简单以下各级工程验收资料的汇总和聚集，还扩大覆盖了施工关键环节质量控制资料的检查。

2. 安全和功能的检验

单位工程验收高度重视与安全和主要功能有关重要项目的抽样检验结果。因此在标准的附录表 H. 0. 1-3 中，还提出了对有关检验资料核查及主要功能抽查的检查要求。包括地基及桩基的承载力检验报告、混凝土及砂浆强度的试验报告、结构尺寸-垂直度的测量记录、沉降观测记录、淋水蓄水试验报告、渗漏检测记录，以及各种设备系统的运行、调试的记录等。

这些检验都是施工后期，直接在工程实体上进行的试验、检测，综合反映了从材料设备进场到工程完成的施工全过程形成的综合性能，具有很大的说服力。尽管只是抽查的结果，但是扩大了检验的覆盖面，对于保证工程安全和正常使用，起到了很大的作用。

3. 观感质量检查

与分部工程验收一样，按照我国的传统习惯，单位工程还应该进行观感质量检验。由于单位工程这一层次的检查是投入使用之前的最后一次检验，因此观感质量检验的要求更加详细和严格。在标准的附录表 H. 0. 1-4 中，这部分检查内容大体按分部工程归类，根据结构外观、屋面、地面、门窗、墙面，以及给排水、通风、空调、电气、电梯等设备的观感，按一定的检查数量，人为主观判断为"好"、"一般"、"差" 3 类。然后分项给出质量评价，并最终给出观感质量的综合评价。观感质量现场检查的原始记录，应作为附件加以保留。

应该注意的是，观感质量检查没有"不合格"的检查结果，因此也不会有"不合格"的质量等级。检查的作用是对可见的项目从观感上作出评价，并对于评为"差"的项目必须进行返修。提前消除这些明显可见的缺陷，给接受新建筑的使用者以良好的"第一印象"。因此，这种检查非常重要，也是必须进行的。

应该说明的是：上述 3 种检验由于内容太多而且繁琐，比较耗费时间，因此并不需要有关各方面的人员都参加。一般有施工单位的项目负责人和监理单位的总监理工程师代表双方参加就可以了。

4. 竣工验收

单位工程的竣工验收是真正意义上的最终一次验收，竣工验收以后“施工阶段”即告结束，建筑移交建设方面正式投入使用。体现标准规范改革的原则，为“强化验收”，有关各方都必须参加，并且都应该具有很高资质的要求。建设单位应由项目负责人参加并负责竣工验收事宜，监理单位应由总监理工程师出席，施工单位、设计单位、勘察单位都应由项目负责人出席，使验收具有足够的代表性。

竣工验收的检查内容仍以下一层次的验收资料为主。《统一标准》的附录表 H. 0. 1-4 规定，检验内容分为 4 部分：所包含的所有分部工程验收资料的检查，以及上述“质量控制资料核查”、“安全和使用功能的资料核查及抽查”、“观感质量检查验收”3 部分检验。验收记录中应表明检验数量（项）、合格数量以及经过返工处理以后合格的数量。最后还要分别给出相应的验收结论，以及最终综合验收的结论。在综合验收结论中，应对工程质量是否符合设计文件和相关标准的规定，以及工程的总体质量水平作出评价。

竣工验收表格中的验收记录由施工单位填写；验收结论由监理单位填写；综合验收结论经有关各方共同商定，由建设单位填写。这 5 方面的负责人参加验收以后都必须签字，签字代表了两种含义：一是对施工质量符合要求的确认，另一含义是必须承担因此而引起的责任。这意味着在今后漫长的使用期内，如果发生不符合要求的意外或者事故，有关签字的人员都必须承担起相应的责任。

7.2.5 资料缺失的处理（第 5. 0. 7 条）

1. 资料缺失的影响

由上述介绍可以看出，验收资料在各层次施工质量验收中起到了重要的作用。但是在实际工程中往往由于各种原因发生资料缺失的现象。没有必要的资料，相应的验收就无法进行，不仅影响验收项目的完成，往往还会延误正常的施工进程，造成更大的损失。因此对这种情况必须给予出路，寻求补救的措施。

《统一标准》第 5.0.7 条规定："工程质量控制资料应齐全完整，当部分资料缺失时，应委托有资质的检测机构按有关标准进行相应的实体检验或抽样试验。"

2. 补充的试验检验

弥补资料缺失的唯一途径是进行补充性的试验-检验。因为对于建筑工程的施工质量，《施工验收规范》比较关心的是施工质量的实际效果，而不是施工的方法、手段、操作等行为。因此，在缺失施工过程中的检验资料的情况发生以后，只要施工后形成的工程实体存在，就还可以通过对这个实体进行试验、检验，检测其综合性能的实际效果。如果仍然能够符合有关的要求，则这部分检验-试验形成的资料，可以作为缺失资料的补充和替代，满足检查验收的要求。

补充资料的形成，主要依靠对工程实体的抽样试验检验。条件是这些试验检验必须具有代表性，能够反映被检测对象的真实性能。例如，对于结构中混凝土的强度，《施工验收规范》要求通过立方体试件的试验测定。但是如果留置的混凝土试件丢失，这项影响结构安全的重要项目就无法进行验收了。这时可以采用回弹、超声、钻芯取样等测强手段，推定结构实体的混凝土强度，以弥补资料缺失的困难。

不仅是对结构材料，对于其他建筑性能和设备的使用功能，也都可以采用类似的方法，通过对工程实体的补充检验，或者抽样试验，形成检测资料，进行相应的验收。

3. 试验－检验的有效性

为了保证补充试验-检验的有效性，应注意以下问题：

（1）试验-检验的依据

正式执行《施工验收规范》所得的验收结论是毋庸置疑的，

而采用补充试验检验的检测就需要执行其他的标准规范，这些并不符合《施工验收规范》要求的检测，所得结论的有效性就成为问题。例如，前述推定结构实体混凝土强度的方法就有将近10种，而且都有相应的标准规范。但是这些标准规范大多是推荐性的，例如回弹、超声、拔出、钻芯等。而且由于混凝土的离散性以及各种测强方法的机理不同，不同检测方法的结果就很可能不一致，甚至产生矛盾。

因此，必须事先通过合同或协议，形成有约束性的文件。规定检测所采用的标准规范以及试验-检验的具体实施方案，作为检测的依据，以保证补充试验检验所得结论的有效性，免得事后反悔，影响验收的进行。

（2）检测机构的资质

其次，补充试验检验的执行机构必须是与被检测工程无关的第三方，以保证检测的公正和客观。承担检测的机构还必须具有相应的资质，表示其有配套的检测仪器和试验设备，同时参加检测的人员也具备应有的素质，检测机构的资质和能力是检测结论科学性的保证。

一般情况下，补充试验检验由施工和监理双方以委托的方式交给作为第三方的专业检测机构进行，并接受其所得的检测结论。

（3）检测结论和责任

近年，我国的检测技术发展迅速，开发了很多对建筑实体进行试验检测的方法，并且多有相应的标准规范。补充的试验检验除了依据这些标准规范以外，还必须根据具体的工程情况，制定相应的检测方案，作为实际实施的依据。检测方案的内容应该有针对性，包括：检验批的划分、抽样数量、试验检验手段、数据分析处理方法、合格标准、判断原则等，使补充的试验检验真正能够得到明确的验收结论。

通过合同或协议对外委托检测机构进行试验检验并得到验收结论，当然要根据检测工作量和相应的责任支付报酬。同时，保证该部分施工质量的责任，也就转移到检测机构方面。将来万一发生意外或者事故，承担检测判断的单位，也就应该负有相应的责任。

7.3 质量验收的合格条件

在介绍建筑工程各层次施工质量验收的方法以后，还必须了解其合格条件，非如此就不能真正落实质量验收的工作。施工中，不同层次验收的合格条件差别很大，详细介绍如下：

7.3.1 检验批合格（第5.0.1条）

《统一标准》第5.0.1条规定："检验批质量验收合格应符合下列规定"。这样的规定共计3款。

1. 主控项目合格

第5.0.1条第1款规定："主控项目的质量经抽样检验均应合格"。

《统一标准》已经在"术语"中规定，主控项目是对安全、节能、环保和主要使用功能起决定性作用的检验项目。在所有的各专业《验收规范》中，"主控项目"都单列条款，与一般项目分开表达，以强调其重要性。标准规定：主控项目抽样检验的结果必须全部符合要求，这是通过验收的必要条件，因此必须严格遵守。当然作为抽样检验，主控项目的验收还是有风险的，但是不会超过5%。这符合《统一标准》对风险控制的要求。

2. 一般项目合格

第5.0.1条第2款规定："一般项目的质量经抽样检验合格。当采用计数抽样时，合格点率应符合有关专业验收规范的规定，且不得存在严重缺陷。对于计数抽样的一般项目，正常检验一次、二次抽样可按本标准附录D判定"。

《统一标准》也已经在"术语"中定义"一般项目"为

"除主控项目以外的检验项目"，即对安全、节能、环保和主要使用功能不起决定性作用的检验项目。这种检验项目，缺陷难以避免，因此通常以抽样检验的合格点计数作为判断。对合格点率（或不合格点率）的要求，根据具体情况在各专业《施工验收规范》中规定，按要求遵照执行就可以来。当然，如果发现"严重缺陷"就不能通过验收。因为从性质上缺陷"严重"相当于已经达到"主控"的程度了，必须采取有效措施加以消除。

3. 记录完整

第5.0.1条第3款规定：检验批的检验结果应该"具有完整的施工操作依据、质量验收记录"。

这款内容是对检验批验收资料的要求。由于检验批检验是实际执行最基础、最真实的原始检查，记录的资料十分珍贵，对保证检验的真实性和可追溯性具有重要作用。验收不仅要求资料完整，而且要求翔实。详细到应该表达施工操作的依据（规范、规程、工法等）以及如实记录执行的质量检查-验收的基本情况。

4. 计数抽样检验方案

本条还提到了一般项目计数抽样检验时，正常的一次检验，以及在一定条件下为了减小错判风险而进行二次抽样检验的方法，通常称为"复式抽样再检"的方法。这部分内容在标准的附录D中表达，由于篇幅比较大，移到下一节中详细介绍。

7.3.2 分项工程合格（第5.0.2条）

《统一标准》第5.0.2条要求："分项工程质量验收合格应符合下列规定"。这样的规定比较简单，共计2款。

1. 所含检验批合格

本条第1款规定："所含检验批的质量均应验收合格"。

分项工程基本具有与检验批相同或类似的性质，只是为了施工质量控制和专业验收的需要，从数量上进行再划分，以方便验收。因此分项工程这个层次的验收，基本只是积累检验批验收资料的汇总和集合。

由于在检验批这一层次已经完成了比较详细的检查、验收和记录，因此在分项工程这一层次就不再重复要求了。只要求分项工程所含的检验批质量验收都合格，则该分项工程就应该合格。

2. 验收记录完整

本条第2款规定："所含检验批的质量验收记录应完整"。

分项工程验收是典型的资料汇总判断型的检查。所有的可操作的实际检查已经在检验批的层次上完成了，因此完全依靠对其质量验收记录的核查，就可以实现本层次施工质量的验收。验收记录完整就成为满足验收要求的必要条件了。

7.3.3 分部工程（子分部工程）合格（第5.0.3条）

《统一标准》第5.0.3条要求："分部工程质量验收合格应符合下列规定"。应该说明的是：子分部工程具有与分部工程相同的性质，因此也按相同的方法进行验收，不再另外单独介绍。验收合格的规定共计4款，分别介绍如下。

1. 所含分项工程合格

本条第1款规定："所含分项工程的质量均应验收合格"。

分部工程（子分部工程）是由许多分项工程组成的，因此其验收合格的起码条件是所含全部分项工程的施工质量均应该合格。这一条规定与前述分项工程合格的理由一样，不再赘述。

2. 质量控制资料完整

本条第2款规定："质量控制资料应完整"。

分部工程（子分部工程）验收同样是资料汇总判断型的检查。由于覆盖的范围更广泛，距离可操作的实际检查已经相隔很远，也只能完全依靠前一层次的质量控制资料来进行验收。因此，相应资料的完整，也就成为满足验收要求的必要条件了。

3. 抽样检验符合规定

本条第3款规定:“有关安全、节能、环境保护和主要使用功能的抽样检验结果应符合相应规定”。

到分部工程(子分部工程)的层次,一般已进入施工工序后期,工程实体已经形成,并具备了相应的使用功能。为了保证工程质量,反映实际工程的综合性能,已经有条件进行相应的试验-检验了。这样的检验往往称为“实体检验”。增加这一层次检验的要求,体现了“强化验收”的原则。但是,鉴于这种检验往往工作量很大,而且比较复杂,因此必须控制其数量。

标准规定,只能对最重要的有关安全、节能、环境保护和主要使用功能的项目,以抽样的方式进行检验。所有的专业《施工验收规范》都在分部工程(子分部工程)的层次上,针对工程实体的抽样检验(实体检验)作出了规定。在分部工程(子分部工程)验收之前,这样的试验检验是必须完成,并作为合格的必要条件。

例如,在“混凝土结构”子分部工程验收之前,就必须完成结构中“混凝土实体强度”、“受力主筋位置(保护层厚度)”以及“结构构件位置尺寸”这3个项目的抽样检验。因为这3项实际性能的检测,对保证构件抗力和结构安全是至关重要的。其他分部工程(子分部工程)验收之前,也必须对工程实体进行类似的抽样检验。而设备安装类的检验,往往采取系统运行或调整的形式,进行综合性能的实体检验。

4. 观感质量符合要求

本条第4款规定:“观感质量应符合要求”。

由于分部工程(子分部工程)验收前,一般已经形成了工程实体,因此就有条件进行观感质量的检查了。根据我国施工的传统习惯,在分部工程(子分部工程)的资料审核和抽样检验完成以后,验收人员需要巡视现场,观察并询问施工情况,根据主观感受判断是否合格验收,并提出改进的意见。尽管这种检查很难发现深层次的问题。但是有经验的检查人员还是可以从中判断出施工质量和管理水平，并指出其中的缺陷和不足并进行整改。免得以后用户通过观感发现类似的问题，引起许多麻烦。因此这一检验形式作为分部工程（子分部工程）验收的条件，还是很必要的。

7.3.4 单位工程合格（第5.0.4条）

《统一标准》第5.0.4条要求："单位工程质量验收合格应符合下列规定"。这样的规定共计5款，分别详细介绍如下：

1. 所含分部工程合格

本条第1款规定："所含分部工程的质量均应验收合格"。

单位工程是由各种专业的分部工程构成的，因此其验收合格的起码条件是所含全部分部工程的施工质量都应该合格。这一条规定与前述分项工程、分部工程合格的理由一样，不再赘述。

2. 质量控制资料完整

本条第2款规定："质量控制资料应完整"。

与前两个层次的验收一样，单位工程验收同样是资料汇总-判断型的检查。而且由于覆盖的各专业范围更为广泛，距离可操作的实际检验已经相当遥远，因此也只能完全依靠前一层次分部工程的质量控制资料来进行验收了。因此，相应资料的完整，也就成为满足验收要求的必要条件。

3. 抽样检验资料完整

本条第3款规定："所含分部工程中有关安全、节能、环境保护和主要使用功能的检验资料应完整"。

前面分部工程验收中，已经规定了应增加"有关安全、节能、环境保护和主要使用功能抽样检验"的要求，并作为验收的必要条件。这种施工后期针对建筑实体进行的抽样检验，具有综合性能检验的性质，对保证施工质量意义重大。因此，这些主要功能检验的资料应该完整，使"强化验收"的原则得到真正的落实。

4. 主要功能抽查符合要求

本条第 4 款规定："主要使用功能的抽查结果应符合相关专业验收规范的规定"。

单位工程验收是全部施工完成情况下进行的，作为建筑的使用功能已经完全具备。因此，就有条件直接进行使用功能的检验。特别是设备类型的施工，由于系统的安装、调试已经完成，更可以采用直接运行的方式加以检验。

由于覆盖的范围太大，因此标准并不要求全面检验，只要求对主要的使用功能进行有限的抽查（实体检验）。各种专业的《施工验收规范》对各自专业设备系统的使用功能，都有明确的要求。抽查的结果应该满足相应专业验收规范的规定。

5. 观感质量符合要求

本条第 5 款规定："观感质量应符合要求"。

单位工程是已经完工的建筑，已经具备进行全面观感质量检查的条件。根据我国施工验收的传统习惯，验收人员通常需要在现场观察询问，根据主观感受进行判断，并提出整改的意见。经过有经验的检查人员的合格判断，并指出可见的缺陷不足并在竣工前加以改进。"观感"对交付使用以后使用者的"第一印象"和心理感受，将产生很大的影响，因此检验还是很必要的。

7.4 非正常验收

在正常条件下的施工，只要遵守设计要求和相应的标准规范，一般都能够通过检查而合格验收。但是在少数情况下，也可能发生某些项目不符合要求而不能通过验收的情况。对于这种非正常"验收受阻"的情况，必须及时采取相应的措施解决。本节介绍这种在非正常条件下的验收方式，也可以称为"非正常验收"。

7.4.1 非正常验收的意义

1. 质量波动及验收受阻

建筑工程施工质量的形成，取决于从原材料到各施工工序的装备、技术和操作，影响的因素特别多，施工质量实际上都处于波动、变化的状态。不仅我国施工中人为操作比较普遍的情况如此，即使在发达国家高度自动化及严格控制的条件下，也难免发生质量波动的情况 。施工质量是典型的随机变量而呈某种概率分布，因此也只能从概率的角度以一定的保证率（分位值）来加以控制。即使这样，也难以避免发生错判的风险。当检验达不到规定要求时，就会发生“验收受阻”的情况。为扫除继续施工的障碍，就必须解决“非正常验收”的问题。

验收受阻的原因可能有以下三种：

(1) 施工质量确实比较差，达不到设计的要求而检验不合格；

(2) 由于抽样检验偶然性而造成的错判（即生产方的风险）；

(3) 试件丢失、检测报告残缺……不具备检查验收条件，施工质量受到质疑。

2. 验收受阻的影响

建筑施工是一个环环相扣连续而漫长的过程，一个项目通不过验收，往往会造成一系列的后续影响，轻则停工、延误工期，重的还会引起更严重的损失。对于错判的检验批可以通过“二次抽样再检”或专门的补充检测加以纠正。而对于真正有缺陷的检验批，也应该采取必要的措施（如返工修复等）恢复其应有的性能而通过检验。总不能因为少数检验批不能通过验收就延误工程，甚至使工程报废，造成经济损失和社会财富的浪费。

3. 传统规范的局限性

传统的施工标准规范中，并未对这种非正常情况的处理作出明确规定，这就给“验收受阻”的处理带来了任意性。如果一次检验达不到合格要求就拒绝验收，而且不再给任何再检、改正的机会，就可能由于误判而造成生产方的巨大损失。即使是实际存在有工程质量缺陷，也可以通过设计复核或检测加固继续使用。真正应该报废或者必须拆毁的工程，实际上是很难找到的。

在我国资源、能源极其紧张的情况下，有些地方以“确保质量”为借口故意作秀，对有缺陷的工程随意报废、拆毁，这实际是一种不负责任的愚蠢行为。此外，由于验收受阻而对施工单位进行惩罚甚至勒索，也助长了弄虚作假、隐瞒漏报的不正之风。

4. 非正常验收的方式

基于以上考虑，结合我国的国情，《统一标准》列入了有关非正常验收的内容。对一次验收未能通过检验而验收受阻的情况，做出了具体的规定。非正常验收大体可以分为以下两类：

在检验批层次上，为避免错判而进行的二次抽检验收、返工更换验收和检测鉴定验收。

在分项-分部工程层次上，针对质量缺陷可以进行设计复核验收、加固处理验收和降低功能的验收。对于后面这3种情况的验收，可以称为“让步验收”。只有在上述几种情况都不能满足的情况下，才可以拒绝验收。下面简单介绍非正常验收的方式。

（1）抽样再检后验收

对一次抽查检验不符合要求时，进行二次抽样，以二次检验的结果重新进行判断。

（2）返修-更换后验收

检验批施工过程中的缺陷，及时返修、更换，将影响不合格的缺陷消灭在萌芽状态。

（3）检测-鉴定后验收

采取验收规范以外的手段，补充进行检测，通过检测、鉴定排除错判的可能。

(4) 复核-审查后验收

以复核审查等方式，利用设计裕量，满足安全和主要使用功能的基本要求而验收。

(5) 加固-改造后验收

对施工后期的工程实体，进行返修-加固-改造，满足安全-主要使用功能的要求而验收。

(6) 降低功能后验收

适当降低使用功能和年限，在基本满足安全和主要使用功能要求的条件下，降级验收。

以上前3项是对于施工前期，在检验批层次上为避免误判而采取的“补充检验”措施。而后3项则是对于施工后期，以不同程度影响使用功能为代价的“补救措施”，也可以称为“让步验收”。

5. 让步验收

(1) 让步验收的概念

应该指出的是：即使在市场经济发达，对施工质量的要求高于我国，并对安全和使用功能要求更为苛刻的经济发达国家，当工程质量不符合要求时，也还允许在返修、加固以后验收。甚至可以在一定条件下以“让步”的形式降低功能而验收。真正拒绝验收而报废的情况非常少。“让步验收”是在基本不影响安全和主要使用功能条件下，比较现实和合理的有效途径。这种做法很值得我们借鉴。

(2) 让步验收的讨论

曾经有少数人反对“让步验收”的做法，认为在《施工验收规范》中正式列入有关“让步”的概念，是不重视施工质量的行为。会使我国对施工质量的控制放松，将造成质量大幅度滑坡。由于在规范中正式给出了合法的出路，施工单位因此会更不注意质量，将引起严重的后果。

但是《统一标准》的这项改进受到了普遍的欢迎，尤其是施工单位的支持。施工质量分布规律决定了“验收受阻”是建筑施工中难以避免的客观事实。传统施工规范只提出质量检验要求，而并不给出验收受阻以后的处理方法，造成了实际施工检验的种种不规范行为。例如，盲目处理、浪费钱财、隐瞒掩盖，甚至发生勒索行贿等行为。

显然，无视这种客观存在的事实而不给出路的方法，是行不通的。与其放任不管而乱象丛生，不如在标准、规范中明确给出合理解决的途径，使问题得到妥善的解决。事实证明，自从《统一标准》列入“非正常验收”的概念，并允许“让步验收”以后，我国对施工过程中出现问题的处理逐渐规范化了。建筑工程的质量不仅没有滑坡，反而有了提高。而规范的让步验收以后，工程也并未出现严重的后果。

6. 非正常验收的意义

（1）减少对施工进程的影响

在建筑工程施工过程中发生非正常的验收受阻以后，在建工程往往被迫停止而影响继续施工。根据有关的标准规范执行非正常验收以后，就可以迅速地处理、解决，减少对施工进程的影响，尽早完成施工并投入使用，发挥建筑工程的效益。

（2）以有效的方式处理缺陷

《统一标准》和有关的各专业《施工验收规范》不仅给出了非正常验收的各种方案，还针对不同的情况，规定了具体的处理措施。对工程中质量缺陷的处理，提供了最有效的处理方式。这就避免了缺乏正确理论指导的盲目性，可以取得最佳的处理效果。

（3）保证工程的基本性能

在有关标准规范指导下对缺陷的处理和非正常验收，是以保证建筑工程的安全和主要使用功能为前提的。根据不同缺陷情况和工程实际条件，处理方式尽管可能不同，但是验收的基本条件没有改变。因此这种做法并不会影响施工效果，降低使用功能。

（4）避免了各种不轨行为

传统施工中发生验收受阻时，由于不给出路，往往引起弄虚作假、隐瞒掩盖，甚至敲诈勒索、行贿过关等不轨行为。现在有标准规范作为依据，可以光明正大地进行处理，也就用不着被迫采用不正当的手段了。这对于净化建筑市场有很大的好处。

（5）社会-经济效益

与盲目处理不同，有关标准规范提供的处理方案和验收方法都是最经济和合理的。这不仅避免了延误工期和工程废弃造成的巨大损失，而且可以用最小的耗费和最少的代价解决问题，因此具有很大的经济效益。

我国是一个资源有限、能源短缺的发展中国家，将有缺陷的建筑物报废甚至拆毁，是对资源和能源的巨大浪费。惩处事故责任者完全有必要，但不必以报废、拆毁等形式主义的方式表达“重视质量”。任意拆除是一种不负责任的愚蠢行为，不应宣传和提倡。《统一标准》列入了非正常验收的内容，对保障社会财富不作无谓浪费起到了积极作用，具有深远的社会意义和经济效益。

（6）对建筑业发展的影响

“非正常验收”和“让步验收”的概念，尽管目前只是在施工验收中应用，但是对未来建筑业的发展有巨大的潜在意义。我国基本建设高潮过去以后，对既有建筑工程的加固、改造必然成为建筑业的主流，而上述对建筑工程缺陷处理和验收的实践，提供了很好的经验和借鉴。

7.4.2 一次抽样检验方法（第5.0.1条）

1. 计数抽样检验的作用

计数抽样检验是工程验收中经常应用的方式。特别是允许有缺陷的一般项目检查，往往以抽样检验中不符合要求不合格检查点（缺陷点）的百分率作为判断是否通过验收的指标。例如，对于外观质量的检查验收，由于很难准确定量，也只能以抽取试件（子样）的外观作定性的检查，并根据不合格点（缺陷点）的百分点率作计数检验合格与否的判断了。即使是尺寸偏差这样的定量量测项目，最终也还要以超过允许偏差的不合格检查点的百分率，作为判断该项目合格与否的依据。

《统一标准》第5.0.1条第2款中规定："对于计数抽样的一般项目，正常检验一次、二次抽样可按本标准附录D判定"。附录D中介绍了通常的一次抽样检验方法和二次抽样检验方法，对于后者也可称为"重复抽样再检"的方法。

2. 传统抽样检验方法

（1）传统抽样检验方案

传统对检验项目计数检验方法的步骤如下：

根据质量均匀、控制方便的原则确定检查验收的范围（母体）；

按照确定的抽样数量或比例抽取试件（子样-样本）的数量；

对抽取试件按质量要求进行检查，确定检查不合格点（缺陷点）的数目；

计算检查的不合格点率（缺陷点率）或合格点率；

根据检验项目要求的允许不合格点率（或合格点率），判断该项目检验合格与否。

（2）固定抽样比例的缺陷

传统抽样检验方法的特点是：不管检查范围（母体）数量的大小，抽取试件（样本）的比例是固定不变的。这种方法执行比较简单，但是并不合理。不管检查数量（母体）的大小和检验的性质，采用固定的抽样比例是不科学的。从概率统计理论分析，这种固定比例的抽样检验，引起的检验风险并不一致。当母体数量比较小时，比例抽样检验的风险就很大，有很大发生误判的可能性。相反，当母体数量比较大时，小比例的抽样检验也不会有大的风险。

以混凝土结构的构件尺寸偏差检验为例，传统的抽样比例多为5%且不少于3件；或10%且不少于5件……对于检查数量（母体）比较小的情况，采用固定的抽样比例，由于试件（样本）的数量太少，检验风险就非常大。从30个构件中抽取3件和从300个构件中抽取30件，进行完全相同的检查和判断，前者的风险就会大得多，发生错判或者漏判的可能性就非常大。

正确的做法是采用本标准表3.0.9的方法，确定最小抽样数量。根据受检验范围数量（母体）的大小确定抽取试件（样本）的数量，相应的抽样比例是变化的。在受检数量比较小时，抽样比例应该加大。详见本书第5章的有关内容，不再详述。

（3）固定合格点率的缺陷

传统计数检验方法不顾检查试件（样本）的数量和性质，都采用固定的合格点率（或不合格点率）进行验收。例如，对很多施工质量验收检验项目的合格验收的条件都是：检验合格点率不允许低于70%（或80%），或者反过来要求有缺陷的检查不合格点率不超过30%（或20%）。

同样这也是不科学的。因为从概率统计理论分析，这种固定比例确定合格验收的方法，引起的检验风险也并不一致，甚至有很大的差别。如果检验试件（样本）的数量太少，检验风险就非常大。5个试件（样本）和50个试件（样本），进行完全相同的检查和采用同一的百分率进行判断和验收，前者的风险就会大得多，发生错判或者漏判的可能性就非常大。

因此，传统检查-验收中固定抽样比例和固定验收合格点率的方法都不尽合理，应该加以改进。

3. 一次抽样检验方法（附录D）

（1）一次抽样检验的判定

《统一标准》附录D表D.0.1-1为“一般项目正常一次抽样判定”的方法，其给出了在样本容量（试件数量）不同时的合格条件。不过，不再采用不合格检查点（缺陷点）百分率作为判断合格与否的依据，而是直接采用不合格检查点（缺陷点）的数目作为是否通过验收的根据。

这一方面是因为百分率落实为实际的检查点时，由于数值取整而可能发生很大的计算偏差。另一方面还因为检验判断的风险相差太大，因此并不科学和公正。不如直接采用不合格检查点（缺陷点）的数目进行判断更为直接和方便，而且更加合理。

(《统一标准》表 D. 0. 1-1) 一般项目正常检验一次抽样判定　表 7-1

样本容量	合格判定数	不合格判定数	样本容量	合格判定数	不合格判定数
5	1	2	32	7	8
8	2	3	50	10	11
13	3	4	80	14	15
20	5	6	125	21	22

表格中“样本容量”是检查点的数量，即试件的数目。“合格判定数”是当检查不合格点（缺陷点）的数目不超过该数目时，可以判为合格。而“不合格判定数”是当检查的不合格点（缺陷点）的数目达到或超过该数目时，就应该判为不合格的限度。因此“合格判定数”和“不合格判定数”之间的数目仅相差“1”，这就是验收合格与否的界限。

（2）举例

根据表 7-1 的规定，当抽检试件数量（样本容量）为 20 件时，如果有 5 件不合格，仍可判为该项目检验合格；而当有 6 件不合格时，就应判该项目检验为不合格。按百分率计算，分别是 25% 和 30%。而当试件数量（样本容量）为 80 件时，如果有 14 件不合格，仍可判该项目检验为合格；而当有 15 件不合格时，应判该项目检验为不合格。按百分率计算，分别是 17.5% 和 18.8%。因此其百分率是不一样的，即不按固定的比例。

(3) 分析结论

对比分析可以看出：在相同的检验风险条件下，验收合格与否的判断并不存在相同的百分点率，而且由检查点计算百分点率的方法偏差和波动都太大。因此，应该放弃传统以固定的检查百分点率判断的做法，而改为按《统一标准》表 D. 0. 1-1 的要求，根据抽检数量（样本容量）的不同，按检查点合格与不合格的数目，直接进行验收的判断。

7.4.3 二次抽样检验方法（第 5. 0. 1 条）

1. 二次抽样再检的原理

抽样检验方法的原理是在质量相对均匀的范围内（母体），随机抽取样本（子样），并通过对子样的检验来反映母体的质量状态。被检验的质量是随机变量，由于抽样检验的偶然性，难免产生风险，发生错判或漏判的情况。要想减少错判或漏判，扩大抽检的数量就可以有效减小这种风险。但是这样就会引起检验工作量的增加和检验成本上升，影响经济效益。因此在一般情况下，只能将抽检的数量控制在一定的限度以内。

但是，如果发生了一次抽样检验不符合要求而“验收受阻”的情况，直接判断为“不合格”就可能发生错判的风险。比较现实和合理的做法是：可以先不急于判断为“不合格”，而暂时确定为“再检”。采用二次抽样再检的措施，增加样本（子样）的数量继续检验。以二次抽取更大数量子样的检验结果，重新进行判断。如果二次抽检的结果仍然符合验收的要求，就没有理由不加以验收。因为在扩大抽检数量条件下的判定，减小了错判的风险，因而结论更加可信。

2. 二次抽样再检的方法

根据这个原理，本次《统一标准》修订落实为附录 D 表 D. 0. 1-2“一般项目正常检验二次抽样判定”的方法，简称“二次抽样再检”方法。表中给出了在样本容量（试件数量）不同时的二次抽样再检的具体方法。

表中“抽样次数”和“样本容量”分别表达了第（1）次抽样和第（2）次抽样的样本容量，即试件（样本）数目或检查点数。可以看出：第（2）次抽样后的数量恰为第（1）次抽样数量的2倍。这实际表现了“加倍抽样”扩大抽检总数的原则。标准规定：第（1）次抽检未获通过时，应再随机抽取相同数量的样本（子样）进行再检验，并以两次检验的总结果重新进行判断。因此，第（2）次抽样的数目加上第（1）次抽样数目的累计，肯定就是第（1）次抽样数目的2倍了。

（《统一标准》表 D.0.1-2）一般项目正常检验二次抽样判定　表 7-2

抽样次数	样本容量	合格判定数	不合格判定数	抽样次数	样本容量	合格判定数	不合格判定数
(1) (2)	3 6	0 1	2 2	(1) (2)	20 40	3 9	6 10
(1) (2)	5 10	0 3	3 4	(1) (2)	32 64	5 12	9 13
(1) (2)	8 16	1 4	3 5	(1) (2)	50 100	7 18	11 19
(1) (2)	13 26	2 6	5 7	(1) (2)	80 160	11 26	16 27

注：（1）和（2）表示抽样次数，（2）对应的样本容量为二次抽样的累计数量。

表中“合格判定数”和“不合格判定数”的意义，则与前面表7-1的相应表达的意义完全相同。分别明确了第（1）次抽样检验和第（2）次抽样检验中“合格”与“不合格”的判定条件，亦即合格与否的界限。可以看出：在第（1）次抽样检验中，“合格判定数”和“不合格判定数”之间的数目有间隔，这就是“再检”的范围。而在第（2）次抽样检验中，“合格判定数”和“不合格判定数”之间的数值仅相差“1”，这就是验收合格与否的界限。

3. 举例

下面通过例子说明二次抽样检验及判定的具体方法。

例如，当抽检试件数量（样本容量）为80件时，如果根据表7-1“一次抽样检验”方案，有14件不合格（17.5%）时，仍可判为该项目检验“合格”。而当有15件不合格（18.8%）时，就应判为该项目检验为“不合格”。

而当采用表7-2“二次抽样检验”方案时，该项目直接判为“合格”的条件加严为只允许有11件不合格（13.8%）；而直接判为“不合格”的条件则放宽为允许16件不合格（20.0%）。其间不合格的缺陷试件为12、13、14、15件（15%～18.8%的情况）时，则不作合格与否的定论，而暂被列为“再检”的范畴。

根据“二次抽样检验”的方案，再抽取80个试件进行第（2）次检验，以总计160个试件的检验结果进行判断。如果其中有26件不合格（16.3%），仍可判为该项目检验“合格”；而当有27件不合格时（16.9%），则应判为该项目检验为“不合格”。

4. 分析结论

仔细比较“一次抽样检验”和“二次抽样检验”的检验结论。可以看出：按前者检验，14件不合格时仍可直接判为“合格”；而按后者检验，只允许有11件不合格才可以直接判为“合格”。可见“二次抽样检验”比较严格，而“一次抽样检验”比较宽松，就有产生漏判的可能。

另一方面，在同样的情况下按“一次抽样检验”检验，当有15件不合格时就直接判该项目检验为“不合格”了。而按“二次抽样检验”检验，当有15件不合格时，可以暂时不作“不合格”的结论，而还有“二次再检”的可能。由于检验数量的扩大，不仅检验的结论风险减少，而且由于样本容量扩大，合格的条件也相对降低了。以相对不合格缺陷百分点率的比较而言，“一次抽样检验”的合格条件的缺陷百分率为17.5%，而“二次抽样检验”的相应百分率为16.3%，合格条件的相对降低。因此“二次抽样检验”还降低了错判的可能。

由上述分析可知，“二次抽样检验”在一定条件下增加抽样检验的数量，但是大大减少了检验的风险，是比较好的检验方法。

5. 注意事项

（1）事前确定方案

应该注意的是，在执行“二次抽样检验”方法时，应事先就确定抽样方案：明确在不同情况下“合格”、“不合格”和“再检”的具体条件。执行二次再检方案时，还必须确定第（2）次抽样的数量以及补充检验以后，“合格”与“不合格”的条件。应该避免事前没有准备，遇见问题时临场讨论仓促决定，就容易出现差错。

（2）二次再检验条件

还应该注意的是，“二次抽样再检”是有条件的。只有第（1）次抽样检验中，检验结果的不合格（缺陷）的数量落在“合格判定数”和“不合格判定数”之间的间隔时，这才符合“再检”的条件，可以进行第（2）次抽样再检。如果不合格（缺陷）数量处在“不合格判定数”的范围内，则说明质量很差，已经不值得“再检”而应该直接判为“不合格”了。

（3）插值原则

在实际工程检验中，样本容量的数值处于表 7-1 或表 7-2 有关数值之间时，相应合格判定的数目可通过线性插值，并四舍五入取整而确定。例如表 7-1 中，当样本容量为 100 时，应该在相邻的 80 与 125 之间插值，线性插值计算的结果：相应的合格判定数和不合格判定数分别为 17 和 18。

6. 二次抽样再检的效益

由以上的实例和分析可知：“二次抽样检验”的方法虽然检验工作量增加了 1 倍，但是明显减少了错判和漏判的风险，保护了生产（施工）和使用（用户）双方的利益，还是很值得的。特别是这种“二次再检”的做法，并不普遍采用，而只是在特定情况下应用。在第（1）次抽检结果处在“合格”与“不合格”的条件下，以“再检”的方式解决，应该是最现实和最合理的出路了。这是本次《统一标准》修订的一大进步。

实际上，我国在施工质量验收的某些检验项目中，早就实行过这种“复式抽样再检”的方法。本次标准修订，是在总结工程经验的情况下扩大其应用范围，并在概率统计理论指导下，使之更加科学化而已。

7.4.4 定量检测的复式抽样再检

1. 应用范围及原理

（1）定量检测的风险控制

对于一般项目允许有缺陷的计数抽样检验，可以采用“二次抽样检验”方法，以扩大检验批容量的方法，减少错判的风险。对于抽样进行定量检验的项目，同样存在由于抽样偶然性造成错判的风险。必须采用再次抽样检验的方法来控制错判的风险。但是由于定量抽样检验的方式有自己的特点而与计数检验不同，因此称为“复式抽样再检”的方法。

（2）复式抽样再检的原则

抽样进行定量检验项目的方法，是在确定的检验批中抽取子样——试件，对试件进行试验量测。例如预制构件的结构性能检验，就以加载试验量测的数据与作为合格条件的“检验指标”进行比较，来确定是否通过验收。由于检验结果不是以检查“合格点”的形式，而是以检测数据比较的形式表达，因此上述计数检验二次抽样的方法不能适用。通常只能在一定条件下扩大抽样比例和利用标准规范对安全和功能要求的裕量，建立“复式抽样再检”的方法。

这里必须解决与计数的“再次抽样检验”不同的3个问题：

首先是“检验指标”双重性：以“合格”和“再检”两个指标的方式来决定再次抽检的条件；

其次是确定再次抽样检验试件的适当数量：不一定是简单

加倍的数量；

最后是再次抽检试验的合格验收的判断条件：不一定是简单地重复完全相同的标准。

（3）复式抽样再检方法

根据定量检验的特点，将定量的“检验指标”分为两个：“合格指标”和“再检指标”。

检验结果达到或超过“合格指标”的情况，直接判为“合格”；

达不到“合格指标”但满足“再检指标”时，就执行再次抽样检验；

如果达不到“再检指标”，就直接判为不合格。

定量试检验的抽样检验数量一般很少，并且试验比较复杂，检验批的容量也不太可能改变。因此只能在原检验批的范围内再次抽样，加大试验子样（试件）的数量（比例），以减小误判的风险。至于增加子样（试件）的数量，通常不是简单增加同样的数量，而是根据具体情况确定。

对于再次抽取子样（试件）的试验方法与标准规范的规定相同，但是合格验收的条件可以作适当的调整。由于抽样的比例已经加大，利用检验允许的裕量，可以适当放松合格验收的条件。具体做法也可以根据具体情况而确定。

下面通过预制构件结构性能检验的“复式抽样再检”的方案，具体加以介绍。

2. 复式抽样再检方案举例

（1）预制构件结构性能检验特点

装配式混凝土结构中的预制构件必须具有设计要求的结构性能，作为构配件产品必须进行结构性能试验检验，合格以后才能用于装配施工。《混凝土结构试验方法标准》GB/T 50152—2012 和《混凝土结构工程施工质量验收规范》GB 50204—2015 对混凝土预制构件的结构性能检验都作出了详细的规定，包括“复式抽样再检”的方案。

由于预制构件检验是破坏性的加载试验，不但试验比较麻烦，而且检验的成本也很高，因此检验批的数量比较大，而抽样的比例就很小，一般每次只能1件。因此，“复式抽样再检”的方案就必须十分谨慎，在尽可能控制试验数量的条件下，必须保证构件产品应有的结构性能，以确保结构的安全。

（2）试验检验方法

对成批连续生产的预制构件产品以每1000件为1个检验批，从中随机抽取1个试件进行加载试验，检验其承载力（强度）、变形（挠度）和裂缝控制性能（抗裂或裂缝宽度）。一般预制构件标准图根据标准规范的计算结果，都给出了上述3项结构性能的检验指标。

有关的标准规范规定：“当试件结构性能的全部检验结果均符合合格指标的检验要求时，该批构件的结构性能检验合格。”这意味着其余999个预制构件的检验批，就可以作为合格产品出厂，应用于装配式结构工程。如果试验量测结果中有1项达不到“再检指标”的要求，这个检验批就不能合格出厂。

（3）再检的条件及抽检数量

有关的标准规范还规定：“当第一个试件的检验结果不能全部符合合格指标的要求，但又能符合再检指标的要求时，可再抽取两个试件进行检验。再检指标对承载力及抗裂检验系数的允许值应取合格指标减0.05，对挠度的允许值应取合格指标允许值的1.10倍，对裂缝宽度则增加0.05mm。”

这里“再检指标”实际上比“合格指标”作了适度的降低：对于承载力和抗裂检验是“合格指标”的0.95倍，即放松了0.05；对于挠度检验则放松了0.10；而对于裂缝宽度检验放松了0.05mm。上述3项性能检验指标的降低幅度都不大：抽样检验风险的控制分别为5%和10%，完全在《统一标准》要求安全和功能允许的范围内。但是，创造了“再次抽样再检”的机会，还是比较合理的。

此外，“复式抽样再检”的试件数量增加了2倍，抽样比例由 1/1000 提高到 3/1000。这是为了避免万一不合格造成的巨大损失，尽量减小错判的风险。

（4）再检试件的合格条件

有关的标准规范还进一步规定：“当第二次抽取的两个试件的全部检验结果均符合再检指标的要求时，该批构件的结构性能的检验为合格。当第二次抽取的第一个试件的全部检验结果均已符合合格指标的要求时，该批构件的结构性能检验合格。”

对第一种情况，相当于抽样比例为 3/1000，3 个试件的检验同时都达到了“再检指标”，表明检验批的实际质量非常稳定，并且基本能够满足安全和功能的要求，因此剩下 997 个构件的检验批可以判为合格。

对第二种情况，相当于抽样比例为 2/1000，而 2 个试件检验分别达到“合格指标”和“再检指标”。这表明检验批的实际质量也比较稳定，且基本能够满足安全和功能的要求，因此剩下 998 个构件的检验批可以判为合格。

通过以上分析可以看出，“复式抽样再检”在抽样比例很小的高成本试验检验中应用，大大减少了生产方面被错判为不合格的风险，具有很大的经济效益。

3. 复式抽样再检的效益

（1）预制构件结构性能的概率分布

20 世纪 80 年代，统计分析得到我国预制构件圆孔板结构性能的质量呈对数正态分布，达到“合格指标”的概率为 96.42%；而达到“再检指标”的概率为 2.45%。如果认为达不到合格指标即判为不合格，则不合格率为 3.58%。如果以达不到再检指标作为判为不合格的条件，则不合格率降低为 1.13%，但是结构性能的要求却全面降低了 5% 以上。如果采用“复式抽样再检”的方案，则情况就大不一样了。

（2）抽样再检的各种可能性

假定某预制构件圆孔板检验批的结构性能具有如图 7-1 的概率分布，则第 1 次抽样检验的结果有 3 种：合格（事件 A）、再检（事件B）和不合格（事件C），其概率分别为：

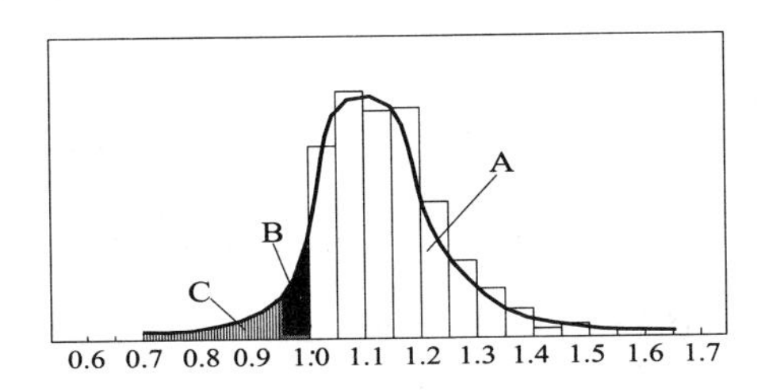

图7-1 预制构件圆孔板结构性能的统计分布

合格 P(A) = 96.42 % √

再检 P(B) = 2.45 % ？

不合格 P(C) = 1.13 % ×

如果发生事件B（再检），则按规定执行复式抽样，再抽取2个试件进行检验。其中第1个再检试件的试验检验结果也有3种：合格（事件A）、再检（事件B）和不合格（事件C）。由于是在事件B条件下接着发生的事件，是两个事件的“交”，按条件概率计算为两个事件概率的乘积：

合格 P(B) × P(A) = 2.36 % √

再检 P(B) × P(B) = 0.060 % ？

不合格 P(B) × P(C) = 0.028 % ×

同样，如果再发生事件B（再检），则应进行复式抽样第2个再检试件的试验检验，其结果也有3种：合格（事件A）、合格（事件B）和不合格（事件C）。由于是在连续发生2次事件B条件下接着发生的事件，是三个事件的“交”，按条件概率计算应为三个事件概率的乘积：

合格 P(B) × P(B) × P(A) = 0.0579 % √

合格 P(B) × P(B) × P(B) = 0.0015 % √

不合格 P(B) × P(B) × P(C) = 0.0007 % ×

应该说明的是：第2个再检试件的试验检验结果也为事件B时，按有关标准规范的规定，应该判为合格。上述抽样再检的各种可能性可以表达为图7-2。按照上述“复式抽样再检”可能发生的9种情况的汇总分析，总的合格概率为98.84%，总的不合格概率为1.16%。

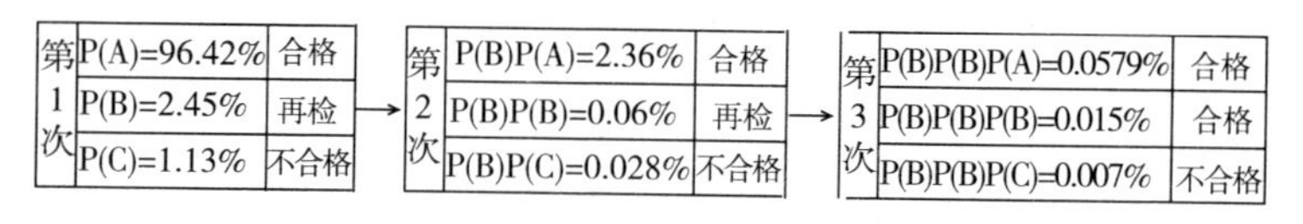

图7-2 复式抽样再检的各种可能性

（3）验收概率的对比

现在将“一次抽样检验”及“复式抽样再检”两种检验方案的检验效果进行比较。采用“一次抽样检验”方案，以达不到合格指标作为判断合格与否的条件，则上述预制构件圆孔板检验批的结构性能检验结果为：合格率为96.42%、不合格率为3.58%。如果采用上述“复式抽样再检”的方案，则情况就大不一样了：合格率提高为98.84%、不合格率降低为1.16%。

两种方案比较，合格率提高了2.42%，这似乎并不明显。但是对比不合格率，由3.58%降低为1.16%，减小3.09倍。这对于减小生产方面被错判为不合格的风险，起到了十分明显的作用。

（4）复式抽样再检的效益

实际工程中，对于像预制构件结构性能检验这样难度和耗费都很大的试验检验，出于成本的考虑，只能进行小比例的抽样检验。这对于生产方面错判的风险就很大，万一检验批不合格，将造成难以承受的巨大损失，而加大抽样比例又受到试验成本的制约。“复式抽样再检”的方案提供了在验收受阻条件下，通过加大抽样比例和适当调整检验指标的方式，比较好地解决了这个矛盾。在基本保证用户利益（安全和功能）的条件下，大大减小了生产方面被错判的风险。

预制构件的结构性能是我国唯一规定必须进行构件加载试验的定量检验项目，长期工程的积累逐渐形成了“抽样再检”

的做法。20世纪80年代以后，通过统计调查和改进、完善，形成了“复式抽样再检”的具体方法，取得了明显的效果。80年代末全国预制构件普遍查时，就有2个预制构件厂由于取得了“再检”的机会，从而避免了被误判为不合格的损失。从那时起，以后正式通过的标准规范和标准图，都采用复式抽样再检方法对检验做出明确的规定，这就大大减少了生产单位的风险，取得了很大的经济效益。目前，这种方法推广应用到其他结构的加载试验检验中，使检查验收更加科学和合理。

7.4.5 返修-更换后验收（第5.0.6条第1款）

1. 验收的原理

《统一标准》第5.0.6条第1款规定：“经返工或返修的检验批，应重新进行验收。”

检验批是施工过程中实行的最基础的验收层次，在这个层次上发生的验收受阻，完全可以在施工现场返修、重做加以消除。如果返修处理以后，重新检查已经能够满足要求了，也就没有任何理由再拒绝验收。

2. 建筑类缺陷的消除

建筑、结构类工程的施工质量波动性比较大，很可能造成严重缺陷而无法通过正常验收。但是，若针对检查结果在施工过程中及时返工、修补，消除这些缺陷而使最终的质量状态满足合格质量的要求，则也完全应该进行再次验收。例如，混凝土施工过程中出现的蜂窝、孔洞、缺棱掉角等缺陷，完全可以在检查发现以后通过修补而加以消除，且不影响其应有的安全和使用功能。因此应该通过再次检验而通过验收。

3. 设备类缺陷的消除

设备安装类工程的施工验收，往往因某些设备、器具的质量缺陷而验收受阻。在检查和发现问题以后，只要更换有缺陷的设备、器具，就完全可以通过重新检查合格以后给予验收。例如，电气设备、水暖装置、空调系统等的质量缺陷，完全可在更换设备以后，彻底消除缺陷而不影响其正常的使用功能，从而通过验收。

4. 早期消除缺陷的意义

对于建筑工程而言，任何缺陷都应该消灭在萌芽状态。这不仅是因为在施工过程中实施这种返工、返修或者重新安装的操作比较简便，工作量和代价都比较小。而且，如果不及时处理，延续到以后的各个施工工序，不仅影响范围越来越大，而且处理的难度也会增加。《统一标准》要求在施工前期的基层验收中尽可能消除一切早期缺陷，从源头上消除可能产生的隐患，对施工质量控制具有重要意义。

施工质量的检查验收，目的无非是为了保证建筑物的安全和使用功能。如能通过施工单位的返工、修补和更换设备、器具而能够达到上述目的，则没有理由不给予验收。标准中用“应”一词强调了这种验收的合理性。在此强调：根据《验收规范》的规定，任何单位和个人不得以初次验收不合要求而阻挠施工单位返工、更换，也不得拒绝施工单位在返工更换后提出重新验收的要求。

7.4.6 检测鉴定后验收（第5.0.6条第2款）

《统一标准》第5.0.6条第2款规定：“经有资质的检测机构检测鉴定能够达到设计要求的检验批，应予以验收。”

1. 检测鉴定的应用条件

建筑工程的施工质量是随机变量，其实际状态呈概率分布。所谓质量合格也不过是指在某一分布状态下，达到确定检验指标的概率不小于某一分位值而已。例如，混凝土强度的分位值为0.95，即强度高于标准值的概率不少于95%，而有5%不符合要求的强度完全是正常的风险。由于抽样检验的偶然性，极有可能抽查到这小概率的5%而产生误判。因此，生产方风险（误判）是难以避免的。对此情况应进行更进一步的检测，确定其是否真的质量不合格，以避免错判。

发生难以验收的另一种情况就是验收条件缺失：抽样试件丢失或失去代表性；抽检子样数量不足而难以判定；检测报告有缺陷而无法证明真实的质量状态；有足够的根据对验收结论提出质疑……。在这种情况下，还不能真正肯定实际质量状态合格与否。同样也应进行更进一步的检测，以避免错判。

2. 检测鉴定资料的作用

对这种情况，也只能依靠事后对已经完成的工程实体进行再次检测、鉴定这一途径了。前面已经提到资料缺失时，补充试验检测的做法，同样这种方法也适用于上述验收受阻的情况。只要施工后形成的工程实体存在，就还可以通过对实体进行试验检测，确定其真正的性能效果。如果仍然能够符合有关的要求，则这部分试验检测形成的结果，同样可以作为有效的资料满足验收要求而没有理由拒绝验收。《统一标准》中规定对这种情况“应予验收”，该“应”字表明：不得以任何理由刁难和卡扣施工单位提出正当再次验收的要求。

3. 检测鉴定的技术依据

我国目前已有很多标准规范可以在缺失有关试件（子样）的情况下，对工程实体进行检测而确定其实际性能。例如，对结构中混凝土的实际强度，可以通过钻芯取样或回弹法、超声-回弹综合法、拔出法、射钉法等方法，通过系统检测分析而推定比较准确的实际强度。当然，检测的范围有一定局限，取样的数量也相对较大，但对于判断被检测部分质量是否合格，却还可以提供比较准确的结论。

当然，对验收受阻的检验批执行这样事后的试验检测，需要执行的标准规范必须有足够的根据，并事先通过合同或协议，形成有约束性的文件，并明确规定这种事后补充试验检测所采用的标准规范及具体实施的方案，作为实际执行检测的依据。避免事后反悔，保证检测结论的有效性。

4. 检测单位的资质

应聘请有相应资质的专业机构进行检测，并根据检测结果的分析，出具有效的检测鉴定报告，作为对被检检验批质量合格与否的根据。试验检测执行机构的资质，表明其具有承担检测任务的能力（仪器设备和人员素质）。同时还必须是与被检测工程无关的第三方，以保证检测的公正和客观。这些要求是检测结论科学性、公正性的保证。

5. 验收必须达到要求

根据有关的标准规范，经过专业机构的系统检测分析，可以出具有效的检测鉴定报告，对被检部分的质量状态给出明确的结论。如果检测鉴定报告肯定被检测的检验批的质量合格，则没有理由不加以验收。对检验批试验检测的结果，必须达到设计的要求，才能进行验收。建筑工程的安全和使用功能，完全体现在设计文件中，而建筑施工的目的也就是满足设计所提出的各种使用要求。所以，验收时设计的目标是必须达到的。而且设计的要求往往会超越一般标准、规范的规定。因为标准规范是最低限度的要求，而设计往往都带有相当的裕量，因此达到设计的要求，标准规范是会自然满足的。

6. 鉴定结论和责任

由于这种事后补充的试验检测，是在检验批验收受阻条件下进行的，因此还必须提出更严格的要求。针对这种情况，如果有必要，检测以后还要进行“鉴定”。即组织专家讨论、审核，给出评审意见，形成“鉴定文件”，认可检测的结论。这个文件可以改变原先的“验收受阻”的结果，成为检验批重新验收通过的根据。当然，保证该部分施工质量的相应责任，因此就转移到了检测机构和评审专家的肩上。将来万一发生意外或者事故，有关各方就应该承担相应的责任。

7.4.7 复核-审查后验收（第5.0.6条第3款）

本条第3款规定：“经有资质的检测机构检测鉴定达不到设计要求、但经原设计单位核算认可能够满足安全和使用功能的检验批，可予以验收”。

1. 设计要求与标准规范的关系

如果检测鉴定结论是达不到设计的要求而“不合格”，这时显然不可能正常地进行验收了。发生这种情况时，即在上述各种方法都已经不起作用的条件下，可以不得已采用“让步”的方案。这个方案是指在“达不到设计要求，但符合有关标准、规范的要求”的情况下，可以“经原设计单位核算”。如果计算复核的结果认可“能够满足安全和使用功能”，则有关的检验批同样“可予以验收”。

这种做法似乎矛盾，其实不然。前已有述：标准规范的规定是最低限度的起码要求，而设计对于安全和功能往往都留有相当的富余（裕量），因此一般设计的要求都会超过标准、规范的规定。利用这个设计裕量，只要能够达到标准、规范的要求，安全和使用功能是自然会满足的。从理论和实践上分析，这种做法也都是允许的。

2. 裕量利用的原理

通过一个简单的工程事例，可以清楚地说明设计裕量利用的可能性。例如建筑框架结构某层有100根柱子，则内力分析的结果就会有100组内力组合。但设计中绝不可能有100种截面尺寸、配筋和混凝土强度等级。为方便施工，一般只可能将抗力相近的柱子归纳为几类，以其中最不利组合的柱子确定设计参数。这意味着，其余绝大多数柱子的截面尺寸、配筋、混凝土强度都是有安全裕量的。而实际上，即使起控制作用的最不利内力组合的柱，设计中也不可能没有富余量。

由上述分析可以得出一个重要的结论：由于实际工程中普遍存在着设计裕量，因此不满足设计要求的质量，就不一定达不到标准规范要求的最低限度的性能要求。如果施工的实际质量水平仍能满足有关标准规范要求的结构安全和使用功能，则仍存在着通过验收的可能性，当然，这种可能性还必须经过设计单位的复核计算才能够落实。

3. 实例

例如，在前述实例中，经过检测机构的检测鉴定，框架结构的某层中有若干柱子混凝土强度不足，达不到设计要求的强度等级。但经过设计方面以实际检测的混凝土强度，进行复核计算，仍然能够满足安全的要求，则从理论和实践的角度都应该允许验收。当然这种情况仍属于“不符合设计要求”的质量状态，对安全和使用功能的设计目标仍造成了一定程度的不利影响，故应认为属于“非正常验收”。

4. 注意事项

（1）须经检测鉴定

首先，必须“经有资质的检测机构检测鉴定”。这里不仅是为了确认其“达不到设计要求”，更重要的是搞清楚达不到要求（缺陷）的原因，以及有关工程的实际参数，这是进行计算复核所必须的条件。

（2）必须计算复核

其次，必须按检测鉴定所得到的反映实际情况的实际参数进行计算复核，而不是简单按原设计的重复计算。这种按实际参数进行的重新设计的难度比较大，可以称为“再设计”。由于最了解设计的意图和要求，再设计最好由原设计单位进行。但是，如果没有条件，往往也可由其他有资质的设计单位承担。

（3）强调让步条件

最后，如果计算复核仍能达到相应标准规范的规定，表明安全和使用功能仍然满足起码的要求，则可以让步，而根据“检测鉴定”和“计算复核”的再设计资料进行验收。但是，必须对“让步”的条件做出说明，即对安全和使用功能作出某种限制。

（4）明确责任后果

当然，这种“让步验收”必须有各方认可的协议文件。由于实际上已经降低了设计要求的安全和使用功能，建设和监理方面必须认可，并且根据有关文件对今后的安全和使用功能做出限制的规定。至于因此而引起的经费和责任，也必须妥善处理。对造成这种后果的单位和个人当然应负相应的责任，起码应负担起检测鉴定和设计复核的费用。并且进行这种复核计算的设计单位，也应与有关各方一起，对工程负起相应的责任。

5. 复核再设计的意义

这种通过“检测鉴定”而进行的“计算复核”，与正常设计的最大不同在于：这是限定条件下的复核性设计，可以称为“再设计”。目前在施工验收中这种方式的应用已经相当广泛，并且随着检测技术的进步和设计计算手段的发展而逐渐成熟。随着基本建设高潮过去以后，我国建筑业将逐渐向对既有建筑进行维修、加固、改造的方向发展。特别对历史遗留的几百亿平方米既有建筑，由于传统设计安全度设置水平太低，而且施工质量差，也还存在普遍检测鉴定和通过再设计而继续使用的巨大需求。目前作为“让步验收”而实行的计算复核方法，具有实际参考价值，将继续发展而成为未来建筑业的重要内容。

7.4.8 返修加固后验收（第5.0.6条第4款）

本条第4款规定：“经返修或加固处理的分项、分部工程，满足安全及使用功能要求时，可按技术处理方案和协商文件的要求予以验收。”

1. 返修加固的原理

（1）恢复抗力和使用功能

设计复核后仍不能满足验收要求的情况，则只能进行加固处理了。现代设计理论认为，结构的安全问题是一个相对概念，可以表达为一定概率的随机事件。没有绝对的安全和不安全。设计规范的安全目标只是确定了一个相对较小、可以接受的失效概率而已。达不到要求的安全目标，实际只是结构的失效概率相对较大，超越了控制的限度而已。而通过返修加固处理，增大缺陷部分的抗力或使用功能，使其恢复到应有的水平，则仍然可以降低其失效概率而达到安全的目的。

仍以上述框架结构若干柱子混凝土强度不足为例。如果经过检测鉴定达不到设计要求的强度等级，且经计算复核后仍不能满足标准规范的要求，则只有选择“加固处理”这一出路了。这时应该对强度不足的缺陷柱子为重点进行加固“再设计”。可以选择加大截面、加配钢骨架、增加传力途径等方法解决。

（2）再设计的原则

但是应该注意：这种加固、返修的“再设计”，不应只局限于缺陷构件——几根强度不足的柱子。而应考虑对整个框架结构实际内力状态的影响，包括加固、改造以后截面刚度、抗力变化对超静定结构体系内力分布引起的变化。这就是“结构再设计”与单纯只对缺陷构件进行“构件加固”传统做法的最大不同。

详细论述这个内容涉及比较多的力学概念、结构常识和工程问题。将另文专门介绍而不再赘述。返修和加固处理的方法很多，主要有加大截面、增加配筋、施加预应力、增加传力途径，甚至改造原结构等。详细的方法另文专述。但是无论什么加固方法，都会改变原建筑的尺寸形状和使用功能，留下与设计状态不符的永久性缺陷。因此对加固处理的问题要慎重处理。而且，有加固处理要求的工程，往往是施工后期已经形成建筑实体的分部工程。因此应该慎重处理，并应遵守以下的原则和注意事项。

2. 返修加固的注意事项

（1）检测鉴定为依据

加固处理应该对症下药，避免盲目操作。因此事先必须有检测及相应的鉴定结论，并有反映实际状态的设计参数，作为加固“再设计”的根据。这样才能做到加固处理后的效果科学和合理。这是与传统设计可以任意设置设计条件，确定设计参数的思路完全不同，具有比一般设计更大的难度。

（2）遵循现行标准规范

加固处理往往涉及安全问题，且有较大的风险和不确定性。

我国已经有了许多工程检测和加固处理的标准规范，有比较充足的理论依据并经工程实践考验，因此较为可靠。加固处理应结合具体工程情况合理选择应用。但是应该注意的是：加固处理的结果必须与时俱进地符合现行的标准规范。遵循这些现行标准规范，才能有效地保证加固处理以后的工程，满足在现代条件下应有的安全和使用功能。

（3）技术方案的可执行性

特别应注意的是：过于复杂的施工技术和难以操作的构造做法，不仅会增加加固施工的负担，更会因操作难度过大而影响加固处理的实际效果，使安全和使用功能得不到应有的保证。因此，加固处理应该尽量采用常规施工能够实现的方法，不能提出过于苛刻的超现实要求。对于新的加固技术方案，也应进行充分的论证和试点应用，成熟后方可应用，做到万无一失。

（4）经济合理的原则

从理论上说，任何建筑都有加固改造的可能，但是具体材料-工艺的消耗和相关的经费是不得不考虑的因素。在达到加固改造要求的前提下，努力降低造价，减少损失的经济影响也必须合理。加固处理可以有许多不同的方案，应该力求在满足基本要求的条件下，选择最节约和最合理的方法。

3. 返修加固的意义

返修加固的建筑表明质量问题严重，原已属于“不合格”的范畴。但在返修加固以后，还能基本保证起码的安全和使用功能，仅在“让步”而影响一些次要功能后仍可使用，因此可作为特殊情况进行验收。

我国是一个资源有限、能源短缺的发展中国家，动辄就将建筑报废或拆毁，是对资源能源的巨大浪费。惩处质量事故的责任者完全必要，但不必以报废、拆毁等方法表达对质量的“重视”。随意拆毁建筑的作秀是一种不负责任的愚蠢行为，不值得宣传和提倡。《统一标准》列入了返修加固，就是为了防止任意处置不合格的验收，保护社会财富不被无谓地浪费。

4. 再建设问题的讨论

由施工质量非正常验收引出的返修、加固、改造问题包括再设计、再施工、再验收。这些工作可以通称为“再建设”，其与传统的基本建设已具有相当不同的特点，并很可能成为我国建筑业未来的发展方向。下面进行讨论。

（1）再设计

与传统设计可以自行选择设计参数不同，“再设计”只能根据检测鉴定的结果，确定新的计算简图和设计参数而进行限制条件的设计，难度要大得多。再设计的技术方案、计算验算、构造做法以及施工要求等，都不得不受制于确定的现实条件。加固处理再设计的技术方案须由有资质的单位根据实际工程情况制订，并经过有关各方审查，取得协商一致的意见，作为执行加固处理和验收、使用依据的技术文件。

（2）再施工

同样，施工单位必须严格按照再设计的技术方案进行加固施工的落实，包括对加固材料、工艺技术、施工操作、检验方法、质量指标的要求。这种加固、改造的“再施工”，对施工质量的要求应该与现行标准规范基本一致，而具体施工工艺和质量控制要求的执行，可能有所差别，施工方面应特别注意，应该根据具体情况落实。

（3）再验收

加固处理必须满足安全和主要使用功能的要求，但因为改变了建筑的形状、尺寸等的影响，可能造成永久性的缺陷或影响部分使用功能，如影响观感、使用不便、缩短使用时间等。对此应由各方协商，根据协议共同检查验收。

同样，由此而引起的责任和经济损失（例如检测-加固费用等）等具体事宜，也应妥善处理。特别是作为引起缺陷而使验收受阻的责任方，还必须承担相应的责任和经济损失。作为一种惩罚，使其吸取教训，可以在今后更加注意质量问题，促进施工质量的提高。因此，认为“让步验收”会造成施工质量滑坡的理由是站不住脚的，其实际效果是只能使有关单位吸取教训而更加重视质量问题。

（4）再建设的长久意义

“再建设”不仅在目前的施工验收中应用，对建筑业未来的发展，也具有重要的实际参考意义。不久的将来，在基建高潮过去以后，我国将面对历史遗留的几百亿平方米既有建筑加固改造的“再建设”任务。纠正传统设计安全度低和施工质量差的现实，与时俱进地通过“再建设”而继续利用，符合我国“四节一环保”可持续发展的既定国策。目前作为“让步验收”而实行的加固改造再建设方法，将获得巨大发展而成为未来建筑业的主要内容之一。

7.4.9 降低功能后验收

1. 降级使用的原理

对于检测加固也不能解决问题而不能验收的缺陷建筑，还有最后一条出路——降级使用。即从现行的标准规范退一步，适当调整工程建筑的安全和使用功能，降低要求以后，按比较低的标准进行验收。由于验收标准的降低，因此原先完全无法通过验收的工程，也有可能获得通过，从而继续使用。当然这属于比较特殊的情况，大体可以分为降低安全储备和调整使用功能两个方面。下面分别介绍。

2. 降级使用的措施

（1）机理和原则

建筑的首要性能是安全，然而安全的概念是相对的。建筑安全取决于外界作用引起效应（S）与结构本身具有抗力（R）的相对关系。设计要求：

$$S \leqslant R$$

满足结构就安全，相反不满足就不安全。如果抗力（R）不足，则降低效应（S）也可以使上述要求满足，安全也能基本保证。没有绝对的安全或者不安全，从概率的角度看，只是失效概率的相对大小而已。

设计对安全度的设置水平也不是固定的，随着经济条件的改善和技术水平提高，我国设计规范的安全度也在逐渐提升。但是大量传统的低安全度建筑仍在使用。因此在没有任何其他出路的情况下，作为特殊处理，也不排除修改设计要求，降低安全储备这一方法，具体措施如下。

（2）降低安全等级

由重要建筑降低为一般建筑，由一般建筑降低为次要建筑。由于失效概率的改变和可靠指标的变化，作用效应（S）降低，验收的要求因此就会减小。

（3）控制使用荷载

不再根据荷载规范确定设计荷载的数值，降低使用荷载而在设计文件中加以说明。强调要求使用者控制使用，不得超越一定的数值，以保证安全。

（4）缩短使用年限

荷载与设计使用年限有关，荷载规范给出的是50年的一般设计使用年限。如果缩短使用年限，则设计荷载的数值和耐久性指标就会减小，验收的要求因此就会降低。

（5）改变使用条件

修改设计改变建筑的用途，则使用条件的变化就可以引起设计要求的改变，相应降低验收要求就成为可能。

（6）调整使用功能

对于建筑功能类的设计，也可以根据缺陷的实际情况加以修改，在适当降低使用功能的条件下予以验收。

3. 注意事项

作为“让步验收”的最后一步，降低使用功能也是没有退路时的唯一选择。由于已经越过了一般现行标准规范的最低要求，因此必须慎重考虑，并注意以下问题：

（1）约束性文件

由于情况特殊，有关各方都必须同意这种降低功能的做法，形成具有约束性的协议文件。包括由此而引起的责任和经济损失（例如检测-复核费用等）等具体事宜，也应妥善处理，以避免事后引起纠纷。

（2）技术方案

这样重大的问题，必须有相当资质的单位进行检测鉴定和计算复核，形成相应的技术文件，并提出处理的完整技术方案，包括技术依据、复核结果、施工工艺、检验方法、验收条件、使用限制和发生意外情况时的应急预案等，并严格执行。

（3）保证安全和功能

尽管验收已经让步，但是技术方案必须保证处理以后的建筑工程还具备起码的安全储备和主要的使用功能。这一基本原则不能变化。

（4）施工和验收

对于降低要求以后的建筑，施工质量和验收条件当然比有关标准规范的要求降低，但还是必须满足处理技术方案中提出的要求，包括施工工艺、检验方法、验收条件等，如果还是达不到要求，是同样不能验收的。

（5）控制使用

特别要强调的是：对于降低功能的工程，在交付使用时，必须向用户说明控制使用的要求，例如：荷载限制、控制用途、有效时间、应急预案等。一般情况下，这一类有缺陷的建筑在达到有效的使用期以后，可以通过检测鉴定和计算复核以后，在降低功能的条件下继续有控制地使用。

4. 降级使用的意义

上述对缺陷建筑“降级使用”的方法，不仅可以在目前的施工验收中应用，而且对我国历史遗留的几百亿平方米既有建筑的继续利用，具有很大的参考价值。根据“四节一环保”以及可持续发展的既定国策，在与时俱进地提高建筑工程质量的同时，对存在各种缺陷的既有建筑，通过检测鉴定和计算复核以后，在降低功能的条件下继续有控制地使用，是比较现实而合理的措施。这也将成为未来建筑业的重要内容。

此外，应该说明的是：由于“降级使用”这种方法基本属于“设计”的范畴，因此并未列入施工验收规范，因此在本《统一标准》中没有表达。

7.4.10 让步验收的底线（第5.0.8条）

《统一标准》第5.0.8条规定：**“经返修或加固处理仍不能满足安全或重要使用功能的分部工程及单位工程，严禁验收。”**

1. 让步验收的底线

《统一标准》已经详细规定了“让步验收”的各种情况。但是这种“让步”不能毫无节制，必须设立“拒绝验收”的底线。标准第5.0.8条以强制性条文的形式规定了“严禁验收”的条件，即让步验收的底线。

如果建筑工程的施工质量实在非常糟糕，已经难以对其进行加固处理，即加固以后即使降级使用和改变用途，仍不能保证结构起码的安全和使用功能。或者从经济效益考虑，已经没有再进行加固处理的任何价值了。在这种情况下勉强验收已经没有任何实际意义，相应的分部（子分部）工程或单位（子单位）工程也只能报废，这就是让步验收的底线。

2. 拒绝验收的必要性

真正拒绝验收的情况在实际工程中是很少遇到的。因为从结构加固理论而言，无法加固处理的建筑物极其稀少，如果改变传力途径或采用“替代结构”的方法，再差的建筑也不至于拆毁。产生拒绝验收情况的主要原因是经济效益或改变使用意图的考虑。当“补”不如“拆”时，自然是选择后者了。当然，做出这样选择的时候应该特别慎重。因为拒绝验收而拆毁一个建筑毕竟是一件严重的事情，属于很严重的质量事故了。

3. 拒绝验收的意义

《统一标准》关于“严禁验收”的规定，表达了标准规范重视质量、保证安全的决心。保证结构安全和基本的使用功能，始终是施工质量验收的基本原则。如果不作此严格要求，施工质量就没有不合格的情况了。以强制性条文形式规定了“拒绝验收”这一情况，对施工单位形成必要的压力，可以促进其更加注意施工质量。因此具有一定的威慑力量和保障质量安全的积极意义。

8 验收的程序和组织

8.1 施工质量验收的形式

8.1.1 验收作用的变化

1. 对验收的要求

长期以来，在计划经济体制下，我国建筑工程主要依靠“行政强制”和“技术包干”的方式控制施工质量。但是由于建设方、设计方、施工方都代表全民所有制的国家，责（任）、权（力）、利（益）没有得到落实，真正的质量效果却并不理想。

我国已加入世界贸易组织（WTO），建筑市场也已经开放。根据平等竞争的市场规则，有关各方责、权、利的关系是非常清楚的。建筑工程的施工质量将不再依靠形式主义的检查“评定”，而落实为真正施工质量的实际效果，并通过有关各方对于工程质量合格与否的共同确认——“验收”，加以解决。

通过市场手段解决施工质量问题，对验收提出了新的要求。验收不再只是单纯的技术问题，还在一定程度上包含了商贸的性质。因为建筑物作为商品，只有通过验收的确认，肯定其质量合格，才能在市场上实现其价值。因此验收的作用已发生变化，其在施工质量控制中已成为最重要的关键环节。

2. 验收公正性的落实

建筑工程施工质量的检查验收，本身是技术问题，包括抽检方案、检查方法、检验指标、合格条件、非正常验收等内容。但是作为带有商贸性质的行为，除了技术性以外，还必须体现公正、平等的原则。因此《统一标准》还必须明确规定整个验收过程中，保证公平、公正的有效措施，落实于验收的程序和组织。

3. 验收的程序和组织

为了保证建筑工程施工质量验收的公正和公平，在各专业验收规范中主要解决验收过程中的各种技术性问题，而《统一标准》则通过统一规定对施工验收过程的程序和组织的公正和公开，来保证验收结论的公平。

本章详细介绍了施工质量验收的严密组织，以体现有关各方真正参与的公正与平等。还通过覆盖整个施工过程中各个层次重要关键的严格检查验收程序，以体现验收结论的公平与全面。验收的行为，只有通过这样严格程序和组织的制度，才能保证有关各方能够真正参与，发挥各自的作用，达到共同确认有效验收的目的。

8.1.2 验收的程序

1. 验收的准备

为了保证施工现场的有效质量管理，开工之前就必须对承担施工任务的施工单位进行检查。检查内容除了机具装备（硬件）以外，还需要检查人员素质和管理制度（软件），并作为是否可以开工的条件。这种检查尽管还不是验收本身，但作为验收的准备仍是必要的。

2. 验收的程序

建筑工程施工质量的验收过程是复杂、庞大的系统工程，为方便质量控制和施工验收，通过“划分”将其分解为不同层次相对简单且数量较小的检验批，从而执行具体的检查验收。而实际“验收”则是“划分”的逆过程，是采用由简单组合为复杂，由小量积累为大量的方式而完成整个建筑工程验收的。通过检验批—分项工程—子分部工程—分部工程—子单位工程—单位工程的程序，逐步完成整个建筑工程的竣工验收。

3. 验收的形式

为落实“强化验收、过程控制”的原则，建筑工程施工质量验收的过程中穿插了形式多样的检查方式。主要有以下几种：

原材料、构配件、设备及器具的进场检验；

重要功能的现场抽样试验检测的复验；

施工单位的自检、交接检和评定；

见证取样由检测机构完成的见证检验；

后续施工覆盖前的隐蔽工程检查；

施工后期针对安全和主要功能的抽样实体检验；

验收各方参与的观感检查；

工程结束投入使用以前的竣工验收；

……

这些检查根据情况在不同的检查层次中应用，具体方法由各专业验收规范解决。

8.1.3 验收的组织

1. 验收组织的内容

施工质量验收的组织是保证验收有效性的重要环节。除严密的验收程序以外，保证验收公正、公开的关键是严格的验收组织。应该使所有参与建筑工程活动的有关单位，都能够了解验收的全过程，有机会表达自己的态度，使最后的验收结论能够真正代表所有各方面的意见。在验收组织上，应该落实以下问题：

验收的组织者——作为验收主体的召集人；

验收的参加者——应有代表性及相应的资质；

验收的签字者——代表各方对施工质量合格的确认。

下面详细介绍各验收层次的组织情况。

2. 检验批验收（第6.0.1条）

《统一标准》第6.0.1条规定：“检验批应由专业监理工程师组织施工单位项目专业质量检查员、专业工长等进行验收。”

检验批的检查验收应该是在施工单位自检评定以后，由专业监理工程师组织，施工单位的专业质量检查员以及专业工长等参加的检查。检验批按一般项目和主控项目的要求检查和验收。如果发生质量不符的情况，应采取返工、更换等措施以后再检查、验收，务必使缺陷消灭在最初的萌芽状态。

检验批的检查验收是实际执行的最基层检查单元，检验工作量非常大，因此只能以最基层的人员进行检查。但是必须维持检验的公正性，体现在3个方面：

（1）施工人员不参加检验

施工单位不以施工人员（生产者），而以与生产无关的专职检验人员执行检查验收任务。

（2）施工与监理共同检查验收

代表施工方面的专职检查员、工长和代表建设方面的监理工程师共同检查验收。

（3）监理代表建设方组织验收

由监理工程师主持、组织，作为建设主体的代表，就可以保证检验的公正、有效。

3. 分项工程验收（第6.0.2条）

《统一标准》第6.0.2条规定："分项工程应由专业监理工程师组织施工单位项目专业技术负责人等进行验收。"

从分项工程验收开始，基本不再进行现场检验。这是因为这种检验工作量太大，而且已经在检验批的层次上完成了，因此采取以文件资料为主的检查方式。分项工程主要是对检验批数量上的累积，只要前一个层次检验的资料真实、可靠、完整，就可以采取以资料检查为主的方式进行。此外，分项工程验收层次提高，施工方面的参加人员的资质也应该提高，以保证检验的公正和有效。分项工程验收的特点如下：

（1）文件、资料检查为主

验收不再进行现场检验，而采取以文件资料汇总、审查为主的检查形式。

（2）检查验收人员的代表性及资质

分项工程验收由施工方面的项目专业技术负责人和监理工程师共同参加。

（3）监理代表建设方组织验收

由代表建设方面的监理工程师组织验收，作为建设的主体，可以保证检验的公正、有效。

4. 分部（子分部）验收工程（第6.0.3条）

《统一标准》第6.0.3条规定："分部工程应由总监理工程师组织施工单位项目负责人和项目技术负责人等进行验收。勘察、设计单位项目负责人和施工单位技术、质量部门负责人应参加地基与基础分部工程的验收。设计单位项目负责人和施工单位技术、质量部门负责人应参加主体结构、节能分部工程的验收"。

分部（子分部）工程主要是按专业范围划分的，由于检查验收范围比较大，因此也只能采取文件资料为主的检查方式。同样，组成分部（子分部）工程的各个分项工程已经在前一个层次完成了检验。只要相应检查验收资料真实、可靠、完整，分部（子分部）工程验收就应该能够通过。

但是，在分部（子分部）工程这个层次上，责任更重大。因此验收的参加者就应该有更高的要求。此外由于在这个层次上涉及的单位更多，因此还必须扩大参加验收的代表性。分部（子分部）工程验收的特点表现在以下方面：

（1）检验方式的多样化

仍以文件资料的检查为主，但是适当增加了对重要功能的抽查，以及观感质量的检查。

（2）验收人员资质提高

施工单位由项目负责人和项目技术负责人参加，建设方由总监理工程师参加。

（3）验收的代表性扩大

地基与基础分部工程应有勘察、设计项目负责人和施工单位位技术、质量部门负责人参加；主体结构和节能分部工程，应有设计单位项目负责人和施工单位技术、质量部门负责人参加。

5. 单位工程验收（第6.0.4条、第6.0.5条）

单位工程验收是建设工程质量的最后一次验收，一般称为“竣工验收”。其覆盖了所有各个专业的范畴，囊括了整个施工过程中的所有检查验收，并且在验收以后即交付建设方面投入使用。因此不但复杂，而且重要。为此《统一标准》单独列出处理，将在下一节中详细说明。这里先介绍竣工验收的特点：

必须处理总包与分包的关系；

竣工前施工方面应进行自检、预验收；

自检-预验收以后应进行相应的工程整改；

验收前应提出申请验收的竣工报告；

进行竣工验收有各种不同的检验形式；

竣工验收人员应有比较广的代表性；

强调竣工验收人员应有足够高的资质；

单位工程竣工验收对工程质量确认的形式。

8.1.4 施工质量验收总结

综上所述，建筑工程施工质量验收的程序如图8-1所示。

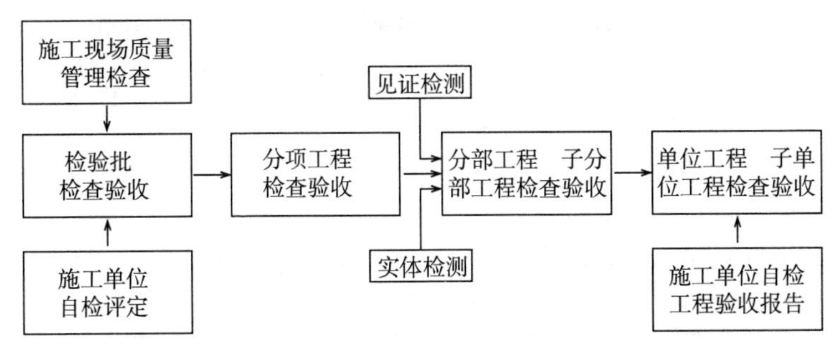

图8-1 施工质量验收的程序

建筑工程施工质量检查验收的组织如表8-1所示。

检查验收的组织 表8-1

检查验收内容	组织单位	参加单位	签字人员
施工现场质量管理检查	监理单位（建设单位）	建设单位 设计单位 监理单位 施工单位	总监理工程师（建设单位项目负责人）
施工质量自行检查评定	施工单位质量检查部门	施工单位班组长 施工单位质检部门	施工单位项目专业质量检查员
检验批检查验收	监理单位（建设单位）	施工（分包）单位 监理（建设）单位	监理工程师（建设单位项目专业技术负责人） 施工单位项目专业质量检查员
分项工程检查验收	监理单位（建设单位）	施工（分包）单位 监理（建设）单位	监理工程师（建设单位项目专业技术负责人） 施工单位项目专业技术负责人
分部（子分部）工程检查验收	监理单位（建设单位）	施工（分包）单位 勘察单位 设计单位 监理（建设）单位	总监理工程师（建设单位项目负责人） 施工（分包）单位项目经理 勘察单位项目负责人 设计单位项目负责人
单位（子单位）工程检查验收	监理单位（建设单位）	设计单位 监理单位 施工单位 设计单位	建设单位（项目）负责人 总监理工程师 施工单位负责人 设计单位（项目）负责人

8.2 单位工程的竣工验收

8.2.1 竣工验收的意义

竣工验收即单位工程验收，其在建筑工程施工质量验收中具有特殊的重要性。这是由于如下的原因：

竣工验收覆盖了建筑工程所有各个专业的范畴，内容相对比较复杂；

竣工验收是最后一次验收，囊括了整个施工过程的所有检查验收的效果，时间跨度很大；

竣工验收是最高层次的检收，涉及很多单位关系，对验收程序和组织的要求比较严格；

竣工验收以后，建筑工程即交付建设方面投入使用，是最后的把关机会。

下面对这些问题的具体落实，进行详细的介绍。

8.2.2 分包工程的验收（第6.0.4条）

《统一标准》第6.0.4条规定："单位工程中的分包工程完工后，分包单位应对所承包的工程项目进行自检，并应按本标准规定的程序进行验收。验收时，总包单位应派人参加。分包单位应将所分包工程的质量控制资料整理完整，并移交给总包单位。"

1. 总包与分包的关系

建筑市场开放以来，市场竞争表现为实行工程项目的投标。根据市场规则，建筑工程通过招投标确定施工单位。但是，中标单位不一定全部承担相应的施工任务，而可能将部分项目转包或分包给其他单位完成。由于现代建筑的工程量越来越大，专业分工也越来越复杂、繁多，中标单位如果无法或无力全部独立完成，转包或分包给其他单位也属于正常、合理的事情。

这就带来了总包与分包关系的问题。

对建筑施工而言，建设方面只要求中标单位承担起施工质量的全部责任。这就带来了实际施工验收的复杂性：首先，转包与分包的工程，可能是不同层次的项目（分项工程、子分部工程、分部工程或者子单位工程），这就可能造成在同一层次中验收项目的分割、不统一。其次，层层转包与分包造成了在验收中的同一方面出现了许多单位，可能引起了责、权、利关系的交叉和矛盾。

为此，只能采取层层负责的办法，即无论是中标的总包单位还是转包单位与分包单位，都必须向上一级承包单位负责。应该通过合同、协议等具有约束力的文件，明确承包双方的责任、权力和利益，特别是应该规定发生验收受阻和意外情况时的解决办法。按照这个原则，在单位工程的竣工验收时，问题就变得相对简单了。实际只剩下建设方面与中标的总包单位之间的关系了。而总包与转包、分包的关系，则在其他层次上解决。

2. 分包单位的自检

根据以上原则，分包工程在施工完成以后，首先应该由分包单位对所承包的工程项目进行自检，根据标准规定的程序和设计要求，按分包范围进行检验批、分项工程和分部（子分部）工程的检查验收。检查验收时，总包单位必须派人参加，并且在验收完成以后，在有关的验收文件上签字，表示已经同意分包工程的施工质量符合要求。

3. 分包工程的验收

建设工程承包合同的双方主体分别是建设单位和中标的总承包单位，总承包单位应按照承包合同的权利和义务对建设单位负责，而分包（转包）单位同样应根据相应的分包（转包）合同对总承包单位负责，同时承担起相应的责任。根据上述原则分包（转包）工程的验收按以下方法执行。

分包（转包）工程检验合格以后，分包（转包）单位应将工程检查验收的有关资料移交给总包单位，以便总包单位在进行后一个层次的检验时作为依据。待建设单位组织单位工程的竣工验收时，分包（转包）单位的负责人也应参加验收。

根据质量包干和终生负责的原则，每个单位和个人都应对自己负责施工的质量负责到底。因此，总包和分包（转包）并不意味着可以转移或逃避应负的责任。分包（转包）单位应对自己施工的项目承担责任，同时总包单位因承包关系也应负有连带责任。这对促进总包单位谨慎选择分包（转包）单位，严格督促、控制施工质量不无好处。

8.2.3 竣工验收的准备（第6.0.5条）

《统一标准》第6.0.5条规定：“单位工程完工后，施工单位应组织有关人员进行自检。总监理工程师应组织各专业监理工程师对工程质量进行竣工预验收。存在施工质量问题时，应由施工单位整改。整改完毕后，由施工单位向建设单位提交工程竣工报告，申请工程竣工验收。”

1. 竣工预验收

竣工验收是施工质量验收的最后一环，作为施工质量的最终确认，在质量控制中起到了关键性的重要作用。验收后的建筑工程即投入使用，质量问题转入由物业管理部门负责，性质就有了很大的变化。

竣工验收的检查验收工作量很大，而且很不容易地集中了建设、监理、勘察、设计、施工等各方面的负责人，因此不希望在检查过程中由于意外原因发生验收受阻而久拖不决，造成所有参加验收的单位陷于被动。一般都希望竣工验收一次检查就能够合格通过，为此就必须做好验收的前期准备工作。

竣工验收的前期准备工作是“竣工预验收”，即当单位工程施工完成以后，施工单位应组织有关人员自行进行检查和评定。同时总监理工程师应组织各专业监理工程师按照单位工程验收的要求进行非正式的“竣工预验收”。

2. 验收工程的整改

施工单位的自检和监理单位组织的预验收，肯定能够发现施工质量中的一些不足和缺陷，应该趁着这投入使用前的最后的机会加以消除，负责地给用户提交尽可能完好的建筑。因此，必须在正式竣工验收之前，由施工单位负责，对预验收检查中存在的工程质量问题进行整改，加以消除。达到确信能够一次就通过检查验收的程度为止。

3. 申请竣工验收

整改完成以后，认为工程质量都已符合要求，确信能够通过有关各方面的检查验收。施工单位应将整个单位工程的自检、预验收及整改情况写成工程竣工报告，提交建设单位，表示工程已经结束，并已达到应有的水平，申请进行竣工验收。

8.2.4 工程的竣工验收（第6.0.6条）

《统一标准》第6.0.6条规定：**“建设单位收到工程竣工报告后，应由建设单位项目负责人组织监理、施工、设计、勘察等单位项目负责人进行单位工程验收。”**

1. 验收组织及参加人员

（1）组织者

建设单位作为业主，在市场经济中是建筑工程的主体，应该成为单位工程竣工验收的组织者。在收到工程竣工报告并了解预验收情况以后，如果认为竣工验收的条件已经成熟，则由该项目的负责人组织进行验收。

（2）参加人员

参加验收的人员，除了建设单位以外还应该有监理单位、勘察单位、设计单位、施工单位。如果有必要还可以增加有关方面的代表，以全面反映验收的代表性。

（3）资质

验收人员的资质必须足够高，以使其对所在的单位有足够的代表性。建设单位应是项目负责人，监理单位是总监理工程师，施工单位、设计单位和勘察单位也应该是项目负责人。此外还要强调：最终签字的人员应该由相应单位的法人代表书面授权，以保证验收结论和签字的有效性。

2. 检查内容

《统一标准》附录表 H. 0. 1-1 为“单位工程质量竣工验收记录”，其中规定了应该检查、验收的内容。主要有以下 4 个方面：

（1）分部工程验收

有关各方应该检查、审核已有的分部工程质量验收资料，单位工程所含的全部分部工程都应该已经合格验收。

（2）质量控制资料核查（附录表 H. 0. 1-2）

同时，应该检查所有的施工质量控制资料的完整性，包括图纸会审、材料进场检验、施工记录、隐蔽工程验收、非正常验收的整个施工过程中的资料。检查应该表明，所有的施工质量都能够得到有效的控制。

（3）安全功能核查及抽检（附录表 H. 0. 1-3）

所含分部工程中，有关安全、节能、环保和主要使用功能的检验资料应该完整。同时参与工程验收的有关各方，应该抽查，检验其主要使用功能，这种对工程实体的检验，应该能够符合有关专业验收规范的要求。

（4）观感质量检查（附录表 H. 0. 1-4）

有关各方还应该共同对已竣工工程的各个方面进行观感检查，并符合有关要求。这对于交付给使用者一个感觉上满意的建筑，起到了很重要的作用。

3. 验收手续

（1）验收记录

单位工程竣工验收的检验记录由施工单位填写，包括竣工验收记录的总表，以及质量控制资料检查、安全功能抽检以及观感质量检查的 3 个附属表格。由于施工单位是实际施工的执行者，对质量情况最为了解，填写比较方便。至于是否符合实际情况，参加验收的各个方面也都有权确定，表达自己的意见，仍不失检查验收的公正与公开。

（2）验收结论

单位工程竣工验收的上述4个项目的验收结论由监理单位填写，包括是否合格的明确表述，以及简单的评价。由于监理方面是全过程参与施工质量监督和验收的单位，对实际工程情况比较了解，填写有关结论应该比较客观，同时也不失公正和有效。

（3）综合验收结论

在单位工程质量竣工验收记录表格中最关键的一栏是“综合验收结论”。这是对建筑工程质量的最终裁定，因此特别重要。综合验收的结论应该由参加验收的各个方面共同商量确定，应该对工程质量是否符合设计文件和相关标准的规定作出明确的结论，同时对工程的总体质量水平做出简单的评价。这一关键的栏目由建设单位填写。

（4）确认验收

为了使单位工程竣工验收的结论合法和有效，参与验收的5个方面的代表必须签字认可。建设单位由项目负责人签字，监理单位由总监理工程师签字，施工、设计、勘察单位均由该项目的负责人签字。

应该说明的是：签字意味着对工程质量的合格认可，同时也意味着承担责任。如果将来发生事故或者出现意外情况，有关单位及签字者就可能被追究相应的责任。因此所有参与验收的人员决不能掉以轻心，而应该认真、负责地工作和思考，避免以走过场的态度马虎过关，留下质量隐患。

8.2.5 竣工验收的其他问题

1. 竣工验收文件及存档

（1）竣工验收资料的备案

单位工程竣工验收完成，标志着施工阶段的结束，转而进入维护使用阶段。但是还有最后一步工作要做，那就是文件资料的存档。建设单位应完成建设项目的竣工验收报告，并将有关的验收文件加以整理，并交有关部门备案存档。

建设工程竣工验收备案制度是加强工程监督管理，防止不合格工程流向市场的重要手段。《建设工程质量管理条例》规定，建设单位应在规定时间内将竣工验收报告及有关文件报建设行政主管部门或其他有关部门备案，否则不允许投入使用。

（2）使用维护的依据

建筑物的设计使用年限是正常使用而无须大修的时间。施工质量验收意味着对使用年限内的应有质量的承诺，并作为物业管理的依据。在有效的使用期内，通过验收的建筑必须按设计规定的条件使用并作必要的维护。在市场经济条件下，建筑物可能由于归属关系变化而改变使用功能，此时必须进行检测鉴定和设计复核。而竣工验收资料在这种情况下，将作为鉴定和复核的依据而发挥重要作用。

（3）再设计和再建造的根据

同样，如果要对既有的建筑进行延长使用年限或改变使用功能的再次设计和再次施工建造，则反映实际工程情况的竣工验收资料将是必不可少的技术依据。我国几百亿平方米既有建筑的设计安全储备比较低，且施工质量不高，基本建设高潮过去以后，还将有更大量的建筑达到使用年限。因此，再设计和再施工的“再建设”，将成为未来建筑业的主要工作。真实反映工程实际情况的验收资料，将发挥越来越重要的作用。

长期以来，我国的建筑工程不重视施工验收资料的存档，“大跃进”和“文化大革命”时期的混乱状态尤甚，造成目前对许多既有建筑处理十分困难。这种教训必须认真汲取，今后应特别重视并落实施工验收资料的存档问题。

2. 验收分歧的处理

参加验收建设、监理、施工、设计、勘察各方责、权、利的不同，验收时就可能由于立场不同而产生分歧。由于在正式验收之前已经通过自检评定、竣工预验收和整改，因此一般情况下不会再有很大的分歧，完全可以通过验收过程中的讨论、协商在内部解决。但是，如果分歧比较大而无法在验收各方之间解决，那么只能借助于外单位的介入了。

一般可请当地建设行政主管部门或者工程质量监督机构进行协调处理。市场经济条件下，行政主管部门和工程质量监督机构的作用已经发生变化，其不再具有强制“仲裁”的权力，而只能进行建议性的“协调”。当然对于技术性的分歧意见，应该采用专家评议的方式解决。即邀请有水平和能力的权威专家，充分了解具体情况，听取各方申诉的理由；认真分析有关的意见，最后提出公正、客观和科学的处理意见，供有关各方考虑，最后形成统一的验收意见。

3. 让步验收的处理

意见分歧往往引起质量验收受阻，在不得已的情况下就不得不采用“让步验收”解决。无论是利用设计裕量、加固改造或者降低使用功能，往往都涉及建设单位的根本长期利益，还存在着经费问题。这些问题已经超出了技术的范畴而涉及经济利益。有关各方应认真考虑，通过协商形成具有约束性的文件，改变验收条件，最终完成工程的验收。

9 施工验收的其他问题

9.1 强制性条文

《建筑工程施工质量验收统一标准》GB 50300—2013 是指导性的标准，尽管标准本身很重要，但是具体可操作的内容并不多。根据强制性条文应有可操作性的要求，只有“单位工程验收的组织”和“非正常验收的底线”这两条符合要求。因此相应的第5.0.8条、第6.0.6条列为强制性条文。

9.1.1 单位工程验收的组织

6.0.6 建设单位收到工程竣工报告后，应由建设单位项目负责人组织监理、施工、设计、勘察等单位项目负责人进行单位工程验收。

市场经济条件下，施工质量主要是依靠有关各个单位共同对工程质量的检查验收来保证的。单位工程的竣工验收是建筑工程施工质量验收的最后一道关口，故本条是最终把握工程质量的重要条文。因此列为强制性条文，作更为严格的要求。

依据国家有关法律法规及规范标准的规定，竣工验收应全面考核建设工作的成果，检查工程质量是否符合标准规范、设计文件和合同约定的各项要求。单位工程竣工验收通过以后，工程项目将投入使用，发挥效益，并将对安全和使用功能造成重大而长久的影响。因此工程建设的各个参与单位应对竣工验收给予足够的重视。

根据标准的规定，在单位工程验收以前，施工单位还必须进行自检、竣工预验收、问题整改。确认无误以后，才能提交竣工报告，申请单位工程的验收。实际上，在正式的竣工验收之前，有关方面实际已经介入了相应的检查。最终的竣工验收只是这些前期检查工作的汇总而已。

单位工程质量验收应该由建筑工程的主人——建设单位（甲方）项目负责人组织。由于勘察、设计、施工、监理等单位都是工程质量的有关责任主体，因此各单位的项目负责人也都必须参加验收。这里应该强调参与验收人员的代表性、资质和责任。建筑施工的各个方面都应该有人员参加验收，而且验收人员的资质必须是有关单位项目的负责人。这是验收公正、客观、有效的体现。

验收时有关人员必须签字，验收签字人员应由相应单位法人的代表书面授权，这就保证了验收的有效性。签字表示完全同意验收的结论，确认工程质量符合要求。签字还意味着承担责任。如果将来发生问题，则将根据签字追究有关人员的相关责任。

在执行强制性条文的审查时，应检查单位工程竣工验收的有关资料。全部验收资料应该齐全、有效，同时确认有关各个方面验收人员的代表性和资质符合标准的要求。

9.1.2 施工质量验收的底线

5.0.8 经返修或加固处理仍不能满足安全或重要使用功能的分部工程及单位工程，严禁验收。

本条是标准“建筑工程质量验收”的最后一条，明确表达了施工质量“非正常验收”的“底线”。因为在本条之前，已经详细介绍了施工质量“非正常验收”的概念和要求。亦即当施工质量达不到要求时，可以在一定条件下采取权宜的办法解决。一般情况下，当工程某些项目的施工质量达不到规定要求时，统统拆除或废弃很不现实，也不符合“四节一环保”的国策。应该通过各种“非正常验收”的途径尽量补救，减小损失。

但是，如果通过返工修补、检测鉴定、计算复核、检测加固，甚至适当降低功能等“让步验收”的措施还不能保证结构起码的安全和基本使用功能时，那么再勉强验收就没有任何实际意义了。因为“让步”也不能无限制地退让，应该有明确的“底线”。本条就是不再让步而拒绝验收的“底线”，亦即“拒绝验收”的条件。由于其对工程质量验收的重要性，列为强制性条文。

“拒绝验收”的建筑工程只有两条出路：废弃或拆除。由于巨大的经济损失和社会影响，在执行时应特别谨慎。一般应该经过检测鉴定、计算复核和专家论证，证明确实存在不可克服的安全隐患或者存在影响基本使用功能的严重缺陷，那就只能拒绝验收了。

在检查强制性条文的执行情况时，对于存在严重缺陷的建筑如果使用，就必须有相关的文件资料。如果没有必要的文件资料就投入正常的使用，就认为是违反了强制性条文的规定。

9.2 统一标准的支撑体系

9.2.1 统一标准的支撑体系

前已有述，《统一标准》是指导性的标准，只规定了施工质量验收的一般原则，而具体的检查验收，还得依靠在其指导下的各本专业验收规范。因此，标准本身尽管重要，但有一定的局限性，其无法作为单独一本标准应用，而只能依靠支撑其发挥作用的各种标准规范，才能够起到应有的作用。

接受《统一标准》指导并支撑其发挥作用的标准规范很多，并构成完整的体系。这个标准规范体系大体分为以下几个类型；

（1）各专业的施工质量验收规范；

（2）各专业的施工技术规范；

（3）各种试验、检测、鉴定标准；

（4）各种材料、构配件的产品标准；

（5）各种综合性技术规程中的施工部分。

9.2.2 相关规范的标准规范

1. 专业施工质量验收规范

《土方与爆破工程施工及验收规范》GBJ 201；
《建筑地基基础工程施工质量验收规范》GB 50202；
《砌体结构工程施工质量验收规范》GB 50203；
《混凝土结构工程施工质量验收规范》GB 50204；
《钢结构工程施工质量验收规范》GB 50205；
《木结构工程施工质量验收规范》GB 50206；
《屋面工程质量验收规范》GB 50207；
《地下防水工程质量验收规范》GB 50208；
《建筑地面工程施工质量验收规范》GB 50209；
《建筑装饰装修工程施工质量验收规范》GB 50210；
《建筑给水排水及采暖工程施工质量验收规范》GB 50242；
《通风与空调工程施工质量验收规范》GB 50243；
《建筑电气工程施工质量验收规范》GB 50303；
《电梯工程施工质量验收规范》GB 50310；
《智能建筑工程质量验收规范》GB 50339；
《建筑结构加固工程施工质量验收规范》GB 50550；
《铝合金结构工程施工质量验收规范》GB 50576；
《钢管混凝土工程施工质量验收规范》GB 50628；
……

2. 各专业的施工技术规范

《人民防空工程施工及验收规范》GB 50134；
《建筑防腐蚀工程施工及验收规范》GB 50212；
《大体积混凝土施工规范》GB 50496；
《混凝土结构工程施工规范》GB 50666；
《钢结构工程施工规范》GB 50755；
《木结构工程施工规范》GB/T 50772；

《砌体结构工程施工规范》GB 50924；

……

3. 检测－试验标准

《普通混凝土力学性能试验方法标准》GB/T 50081；

《混凝土强度检验评定标准》GB/T 50107；

《砌体基本力学性能试验方法标准》GB/T 50129；

《混凝土结构试验方法标准》GB/T 50152；

《砌体工程现场检测技术标准》GB/T 50315；

《木结构试验方法标准》GB/T 50329；

《建筑结构检测技术标准》GB/T 50344；

《钢结构现场检测技术标准》GB 50621；

《建筑工程施工质量评价标准》GB/T 50375；

……

4. 材料构配件产品标准

《通用硅酸盐水泥》GB 175；

《混凝土外加剂》GB 8076；

《钢筋混凝土用钢》GB 1499；

《钢筋混凝土用余热处理钢筋》GB 13014；

《预应力混凝土用钢丝》GB/T 5223；

《预应力混凝土用钢绞线》GB/T 5224；

……

5. 综合性技术规程（施工部分）

《地下工程防水技术规范》GB 50108；

《滑动模板工程技术规范》GB 50113；

《混凝土质量控制标准》GB 50164；

《建设工程监理规范》GB 50319；

《复合地基技术规范》GB/T 50783；

……

10 施工标准规范发展展望

10.1 施工质量控制的探索

10.1.1 施工标准规范的发展

1. 传统标准规范的形成

20世纪中叶以来，我国一直进行着大规模的基本建设，并逐渐形成了自己的标准规范体系。在这个体系中，建筑施工类的标准规范拥有最庞大的数量，这是因为施工对工程质量具有最直接而重要的影响，因此得到了普遍的重视。但是，当时建筑业还是劳动密集型行业，材料装备、工艺技术、人员素质都比较低，影响工程质量的主要因素是施工人员的管理和操作。因此，施工标准规范主要着眼于对施工行为的控制。

由于计划经济和全民所有制条件下责、权、利的关系不太明确，检测手段也比较缺乏而多靠人为定性的检验。因此建立起的施工标准规范是以“行政强制，普遍包干”为特征的。尽管强制的规定繁琐而详尽，但并不能真正有效地控制施工质量的效果。再加上社会动荡（“大跃进”、“文化大革命”等）等非技术因素的干扰，工程质量并不理想。这些质量不高的既有建筑，给后人留下了沉重的历史负担。

2. 施工标准规范的改革

市场开放以来，建筑物成为商品，项目投标、工程监理等市场行为得到应用。工程建设中有关各方的责、权、利关系不再混淆，传统观念受到冲击。市场经济对施工标准规范提出了新的要求，改革将势在必行。配合我国工程建设标准规范体制改革，并参考市场经济成熟国家的经验，施工标准规范改革确立了“验评分离，强化验收，完善手段，过程控制”的原则，即以由参加建筑工程有关各方对施工效果的共同检查和合格与否的确认——“验收”，作为质量控制的关键。

体制改革的关键是“强化验收”，即以外部监督、检验的市场手段来保证工程质量，同时强调完善的定量检测手段和施工全过程的验收，来实现更为科学和严密的质量控制。为此，专门编制《施工验收规范》加以落实。而对施工单位为实现合格验收而采用的方法、手段、措施（技术、管理、工艺、评定）等，则由施工单位内部的《企业标准》解决，或者另外编制《施工技术规范》加以解决。

将传统的施工标准规范分离为施工和验收两类，并强调后者。从技术管理型的标准过渡到质量验收型的规范，这就是“验评分离”和“强化验收”的意思，也就是施工标准规范体制改革的核心。目前，这个改革正在进行，并还处在逐渐完善的过程之中。

3. 施工质量控制的调查研究

为落实上述改革，应该对我国目前施工质量的状态有真正、确实的了解，因此必须进行工程施工质量的调查，并在此基础上进行深入的分析研究。事实上，这种调查研究的工作早在上一个世纪就已进行，下面将逐一介绍。

但是这方面的探索、研究数量太少，尚不能形成系统的理论，与工程建设的其他领域（设计、材料等）相比，实在是微不足道。对于施工质量控制的科研，目前几乎是接近空白的处女地。希望将来能有更多的有识之士投入这个领域的探索、研究中。可以肯定，必然会取得原创性的突破和进展。

10.1.2 施工质量的概率分布

1. 质量的概率分布模型

要改变我国目前施工质量验收检验方法的落后状态，使其由定性经验型的判断向定量统计型检验转化，应进行的首要工作就是通过对实际工程的调查统计，对目前我国施工质量的现状能够有比较准确的认识。然后从概率统计的角度，建立起我国各类施工质量状态的概率分布曲线，亦即施工质量现状的数学模型。进而采用科学的抽样检验方案，实现控制检验风险概率，提高建筑工程施工质量的检验水平。

长期以来，我国已有不少学者对此进行了探讨，并且已经得到了一些初步的结论。通过调查统计，实际工程中施工质量的概率分布大体可以分为以下两个类型。

（1）量测性能类型的分布

对各种建筑材料性能的定量检测得到的结果表明，其质量一般都服从正态（或对数正态）分布。在平均值 μ 附近概率最大，而在性能较高或较低时，概率逐渐减小而趋于零。由于离散程度（标准差 σ）的不同，其收敛的速度不一，曲线的走向可能比较陡峻或比较平缓，但其形态是基本相似的。后续的调查统计分析还表明，诸如尺寸偏差、结构性能等定量检测项目，也基本服从正态（或对数正态）分布。

（2）缺陷计数类型的分布

对难以定量检测的项目，往往以缺陷计数的方式描述定性检验的结果，如外观质量等。初步调查统计表明：缺陷数量（或缺陷率）大体呈泊松分布。其形状也是不对称的，在缺陷为零处（没有缺陷）概率很小或者等于0。而在某一缺陷数量（或缺陷率）的附近，概率达到峰值（极值）。但是当缺陷数量（或缺陷率）很多时，概率逐渐而趋于零。

（3）概率分布参数

上述得自实际工程调查统计的两种概率分布有很大的代表意义，基本反映了我国施工质量状态分布的规律。除了分布形状（模型）以外，关键是确定描述概率分布的参数，如平均值 μ、标准差 σ 等。目前，对于建筑材料性能的统计、调查已经比较充分，而其他项目的调查统计则非常有限，还未能得到准确的概率分布参数，这是很大的不足。因为要真正实现施工质量检验的科学和合理，还必须知道具体的概率分布参数才有可能。

（4）施工质量的调查统计

我国对于材料性能以及规模生产的产品，已经通过调查统计建立了相应的概率分布模型，包括相应的统计参数。但是长期以来，对于粗放型的建筑业还从未进行过认真的调查统计，更谈不上深入的统计分析了。因此对于我国施工质量的实际状态，时至今日仍没有定量的准确了解，更谈不上改进抽样检验方法，实现更科学和合理的检验了。

2. 工程调查统计的意义

（1）工程质量调查统计的作用

对于这片科研的处女地，甚至很少有人关心和过问。其实无须大量投入，只要坚持不懈地调查统计并积累资料，进而统计分析取得原创性的进展并非难事。这样，不仅可以对我国施工质量的实际情况有更准确的认识，更可以在此基础上建立科学、合理的检验方法。用比较少的抽样检验工作量，获得更准确的施工质量认识。这不仅有很大的理论价值，而且还有可观的经济效益。希望今后有更多的专家、学者和工程技术人员投入这项极有意义的工作中，促进我国施工质量水平的提高。对建筑工程进行调查的意义如下。

（2）确定检验指标

在确定量测类型的检验指标时，必须知道平均值 μ、标准差 σ 等概率分布参数，才能科学、合理地确定相应的检验指标。如果需要95%的保证率时，对于正态分布的情况，检验指标就应该由 $\mu-1.645\sigma$ 的计算确定。例如，评定混凝土强度等级的统计方法就是以0.95分位值作为检查验收指标而确定的，因此验收结果的风险（5%）就得到了有效的控制。

同样，其他以量测检查的项目，例如构件尺寸的检验指标（允许偏差），也应该在确定尺寸偏差的实际统计分布以后，才能准确、合理地确定。而目前验收规范中构件尺寸允许偏差，则基本是根据经验确定的，带有很大的随意性，是否合理全然不知。已知尺寸偏差呈正态分布，如果再知道平均值和标准差，就完全可以在一定保证率的条件下决定允许尺寸偏差检验指标的数值，使对构件尺寸的控制更加科学和合理。其他许多检测项目，也同样可以按类似的思路进行工作，加以合理的解决。

（3）确定合格条件

在确定定性检验的缺陷计数检验项目合格条件（合格百分率）时，也必须知道检查结果的极值和标准差等概率分布参数，才能根据工程的需要，科学、合理地确定合格验收条件。传统对于外观质量等定性的缺陷计数检验项目，一律取70%的检查合格率（不合格百分率30%）作为合格验收的条件。后来根据提高工程质量的要求，提高为80%，少数重要项目甚至提高为90%。但是否合理仍不得而知。因为直到现在，我们对于施工外观质量的实际统计参数仍缺乏了解，当然就无法确定合适的验收界线了。

因此当前首要的任务是对此类定性检查项目，扩大调查范围，增加统计数量，以求得真正反映施工质量水平的概率分布模型及有关参数，并在此基础上建立起更科学、合理的检查方法和合格条件。

10.1.3 构件结构性能的调查统计

1. 预制构件的代表意义

混凝土构件的结构性能对于建筑结构的安全具有重要意义，其是材料性能（钢筋、混凝土）、设计计算（安全储备）、形状尺寸（外形、截面）、工艺水平（预应力、浇筑）等诸多因素的综合反映。构件的抗力包括强度（承载力）、变形性能（挠度）以及裂缝控制性能（抗裂或裂缝宽度）。预制预应力圆孔板是最简单的混凝土构件，试验检验相对比较方便。作为构件产品，其必须普遍进行结构性能的加载试验检验，因此积累了大量的试验检验资料。通过这些资料的统计分析，对于探讨我国实际工程的结构性能情况，具有比较大的参考意义。

2. 百厂检查情况简介

20世纪80年代，建设部曾经组织大量的人力和设备，对全国范围内的112家预制构件厂进行了详细的检测调查，这就是“百厂检查”。由于事先制定了周密的检查方案，实际得到了大量有价值的调查数据。通过百厂检查，不仅对我国预制构件行业及构件产品质量的实际状况有了比较准确的了解；对预制构件结构性能的概率分布也有了明确的认识。这对当时检验标准修订的改进，也起到了重要的参考作用。

3. 预应力圆孔板抗力的概率分布

根据百厂检查及对相应单位共计531个圆孔板试验检测资料的调查统计分析，以实际承载力R^0与检验指标［R］的相对值（安全裕量）$\eta = R^0/[R]$作为随机变量，所作出的分布直方图以及概率分布曲线如图10-1所示。

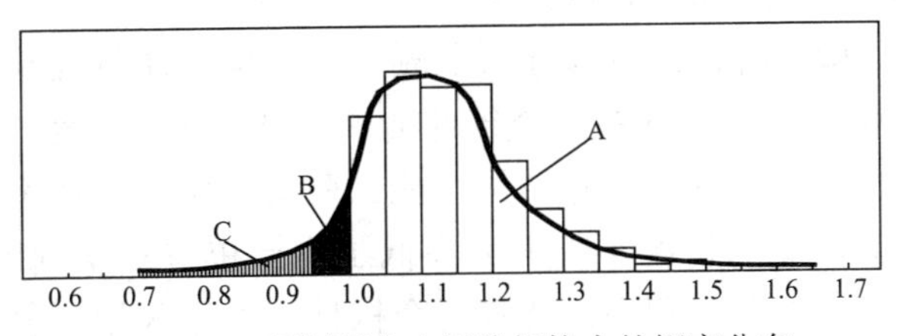

图10-1　预制预应力圆孔板抗力的概率分布

由此得到了20世纪80年代我国预制圆孔板结构性能的概率分布模型以及相关的统计特征参数。概率分布模型为对数正态分布，平均相对安全裕量为$\eta = 1.137$；反映离差情况的变异系数为$\delta = 0.108$，合格概率为P(Y) = 96.42%。

4. 调查统计的实际意义

（1）对我国结构安全水平的估计

我国虽然通过设计和施工标准规范的编制，对结构安全做出了安排。但是实际建筑工程的安全储备究竟如何？仍然不得而知。上述调查统计的尽管只是对最简单预制构件的结果，但也综合反映了实际设计-材料-施工对结构安全的影响。事实证明：按正常执行设计施工规范的结果，混凝土预制构件相对的安全裕量约为14%，离散程度约为11%。

在百厂检查中，各地推荐的优秀厂、抽样确定的一般厂和乡镇企业各三分之一，基本代表了当时全国的真实水平。经过30年，我国预制构件行业的人员素质和装备水平已经有了很大的提高，设计规范的安全度设置水平也已增加。因此可以推断，目前我国预制构件的安全裕量已经有了比较明显的提高。

施工现场的管理水平和施工条件比工厂化生产的构件厂差一些，离散程度可能比较高。但是预制构件标准图的安全控制比较仔细而工程设计的安全裕量不算太大。因此可以估计，目前我国现场施工混凝土结构的安全也是有相当裕量的。只要正确执行标准规范，混凝土结构的安全问题基本是能够得到保证的。

（2）检验标准修订的改进

百厂检查时，正值修订《混凝土预制构件质量检验评定标准》GBJ 321—90。根据调查统计结果而修订完善了复式抽样检验方法，大大提高了构件结构性能试验的科学性。在不普遍增加检验工作量的情况下，大大降低了生产单位被误判的风险。在“百厂检查”过程中，就有两个构件厂由于采用了复式抽样再检方法而获得了再检验的机会，从而避免了被误判为不合格。直到今天，预制构件行业一直执行着这个改进的试验检验方法，收到了明显的经济效益，因此受到普遍的欢迎。

10.1.4 构件外观质量的调查统计

1. 外观质量的定义

结合标准修订，百厂检查还通过调查统计对圆孔板的外观质量的检验方法进行了改进。外观质量是通过定性观察-缺陷计点的方法进行检验的，传统检查判断比较主观随意，不确定性太大。因此对外观质量的缺陷进行归纳分析，明确定义为露筋、蜂窝、孔洞、夹渣、疏松、裂缝、连接部位缺陷、外形缺陷、外表缺陷9类。并按缺陷程度和影响的后果，划分为一般缺陷和严重缺陷。这种检查方式改变了传统检查的任意性而相对比较合理，后来被其他标准规范接受，在一般的混凝土结构施工类标准规范中得到应用。

2. 外观质量的概率分布及合格条件

百厂检查中对构件外观质量按“缺陷计数”检查的结果也进行了调查统计分析，在总计2240个预制构件外观质量的检验结果中：4.5%的构件没有明显的缺陷；大多数构件具有10%～30%的缺陷；其中缺陷最多的是16%；而超过30%以后，缺陷的数量迅速减少，并逐渐趋近于零。所得到的直方图以及概率分布曲线如图10-2所示。由计算分析所确定的概率分布模型近似于泊松分布。

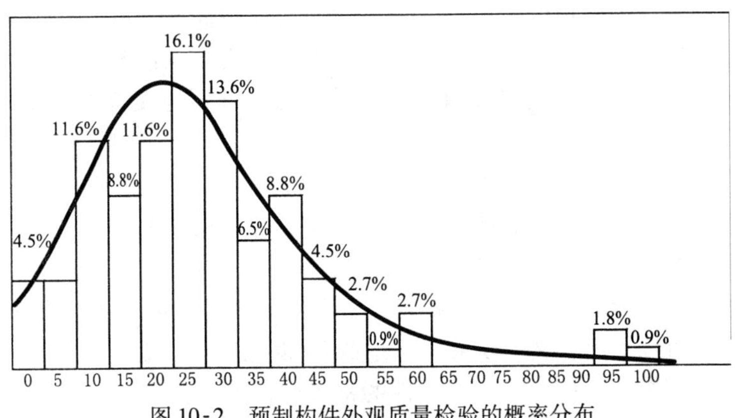

图10-2　预制构件外观质量检验的概率分布

3. 调查统计的实际意义

（1）外观质量的检查方法

百厂检查对外观质量的检查，是我国首次对此类项目的大规模的实际调查统计，其对构件外观质量缺陷的定义和分类，比传统只靠人为主观判断的随意性更为明确，相对比较客观和合理。尽管调查对象是对简单的预制板，但是也基本反映了实际工程质量状态的规律。对以后确定施工控制和验收中，外观质量项目的检验方法具有参考意义。现在，这种检查方法被推广到其他专业施工类标准规范的检查验收中，得到了普遍应用。

（2）确定适当的合格条件

外观质量检验另一个需要确定的问题，是作为合格条件的检查百分点率。根据上述统计分析结构和对建筑功能的要求，确定预制构件合格条件的合格点率不低于70%，即不合格点率不超过30%。通过调查、统计、分析，对实际工程中其他定性检查项目的缺陷也认为基本呈泊松分布（图10-2），也可以采用检查合格点率（或不合格点率）确定检查项目的合格条件，具体验收指标则可以根据调查、分析的具体情况而确定。

（3）合格条件的合理调整

百厂检查的结果还表明，构件外观质量的离散程度很大，采用定型钢模规模生产的大型构件厂与使用简易木模板作坊式生产的乡镇企业，差别非常大。考虑到现浇结构混凝土的成型条件比预制构件更差，因此外观质量的要求不能太苛刻。照顾当时的现实，最后确定合格条件检查百分点率维持原状，为70%。

进一步的分析表明：混凝土结构的外观质量并不需要很高的技术条件。只要设备（模板）更新，认真操作，可以明显改进外观质量的状态。随着我国近年技术进步和装备条件的改善，完全可以提出更高的要求。因此到21世纪以后，混凝土结构施工标准规范修订时，验收条件的检查合格点率提高到80%。这种变化并未遭到来自施工方面的反对，可见与时俱进地提高检验指标是完全可能的，而这对于提升我国的施工质量水平，大有好处。

10.1.5 构件尺寸偏差的调查统计

1. 调查尺寸偏差的意义

任何一种结构形式，尺寸都是影响其安全和使用功能的重要因素，因此尺寸偏差必然成为施工质量控制的重要检查项目。对尺寸以允许偏差的形式要求，共计有两种：结构的外形位置以及构件的截面尺寸。前者决定结构的整体性能及内力分布；而后者决定了构件的结构性能。在所有的结构施工标准规范中，都提出了对于允许尺寸偏差的明确要求。对于宏观的结构外形尺寸偏差，往往在施工过程中通过随时调整加以控制。而构件截面尺寸的控制，由于检测工作量很大，往往成为施工现场有关各方面比较关心的检查项目。

2. 传统对尺寸偏差的要求

我国对施工中构件尺寸的检查方式是：通过实际量测尺寸数值，计算其与设计值的偏差，并与允许偏差比较而确定合格点率，进而通过合格点率确定验收合格与否。但是对于允许尺寸偏差的数值，却往往完全是根据经验而确定的。考虑的因素有两个：对结构安全和使用功能的影响；以及当时施工技术和装备条件可能达到的水平。具体反映为允许尺寸偏差的上、下限值以及偏差的域。例如，目前在混凝土结构的施工验收规范中，对于混凝土梁和柱的允许尺寸偏差：上限值为 +8mm，下限值为 -5mm，允许偏差的域为13mm。

这种凭经验确定的检验指标未必合理。因为一方面未能真正考虑尺寸偏差对结构安全和耐久性的影响，另一方面也没有认真考虑实际结构施工条件对实际尺寸偏差规律的影响。检验指标的确定，完全是人为经验性质的。

3. 尺寸偏差调查统计的必要性

重要的是必须对我国各种结构构件的尺寸偏差的实际状况，通过调查、分析有比较清楚、定量的了解。我国施工现场对构件尺寸偏差的量测向来不认真，实际执行情况不好，缺乏真实性。因此，必须进行实际工程结构、构件的定量量测调查统计和分析，积累数据，进行分布规律的统计分析。

为此，21世纪初2002年~2006年在北京地区通过对25项既有混凝土结构（包括框架、框架-剪力墙、剪力墙、砖混结构中的混凝土构件）中的梁、柱截面尺寸和梁、板钢筋保护层厚度的实际偏差进行了实地量测检查。经过5年积累，总计量测构件549个，得到5566个数据。经统计分析，初步探讨了现浇结构构件尺寸偏差的规律。

4. **梁柱截面尺寸偏差的调查统计**

（1）检测条件及统计结果

量测了406根梁、柱的截面尺寸偏差的2736个数据，以“+”、“-”表达偏大值和偏小值。得到梁、柱尺寸偏差的直方图及概率分布曲线如图10-3和图10-4所示。由统计分析表明，现浇混凝土结构梁和柱的截面尺寸偏差大体呈正态分布，同时还得到了尺寸偏差的平均值（μ）和标准差（σ）。

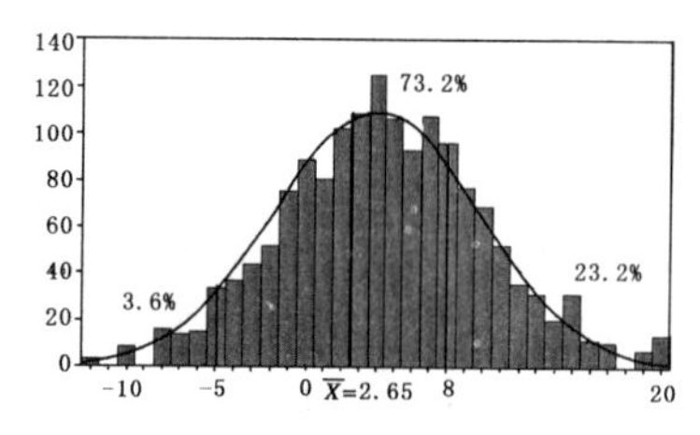

图10-3　梁截面尺寸偏差分布曲线

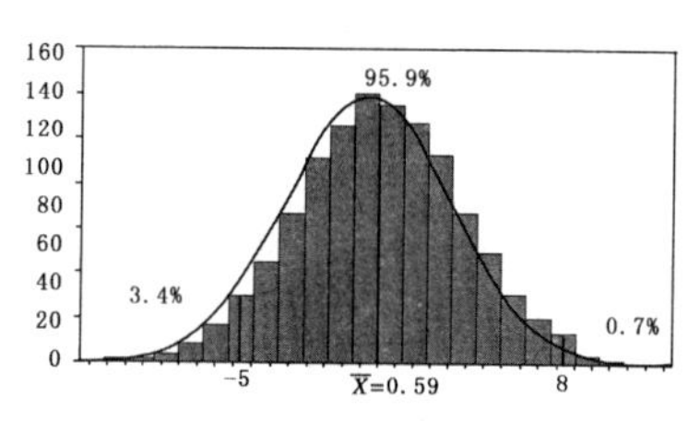

图10-4　柱截面尺寸偏差分布曲线

（2）尺寸偏差规律的分析

现浇混凝土柱的模板多为封闭围箍式支模，故柱的截面尺寸得到了有效的控制，尺寸偏差很小，不合格率也很低。现浇混凝土梁的模板开敞且刚度不足，加上施工泵送时堆料不匀以及振捣的影响，尺寸偏差较大，且因胀模而多偏正方向。因此今后施工时应重点加强梁的支模刚度，并应控制混凝土浇筑时布料均匀。

5. **配筋位置偏差的调查统计**

（1）检测条件及统计结果

实际量测了143个梁和楼板构件中钢筋保护层厚度偏差，得到数据2830个。以“+”和“-”表达偏大值和偏小值。得到梁和楼板的保护层厚度尺寸偏差的直方图及概率分布曲线如

图 10-5 和图 10-6 所示。统计分析表明，现浇混凝土梁和楼板的保护层厚度尺寸偏差也大体呈正态分布。同时还得到了保护层厚度尺寸偏差的平均值（μ）和标准差（σ）。

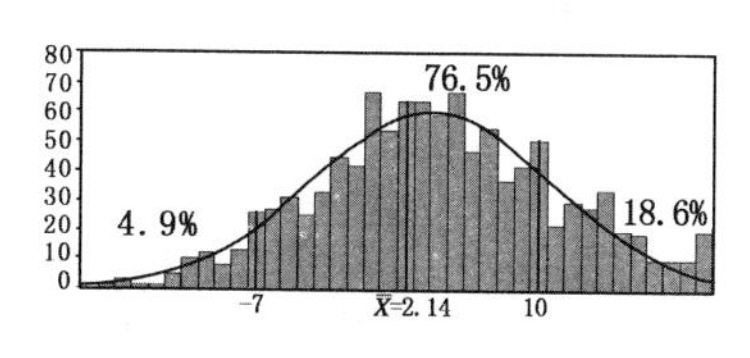

图 10-5　梁保护层厚度尺寸偏差分布曲线

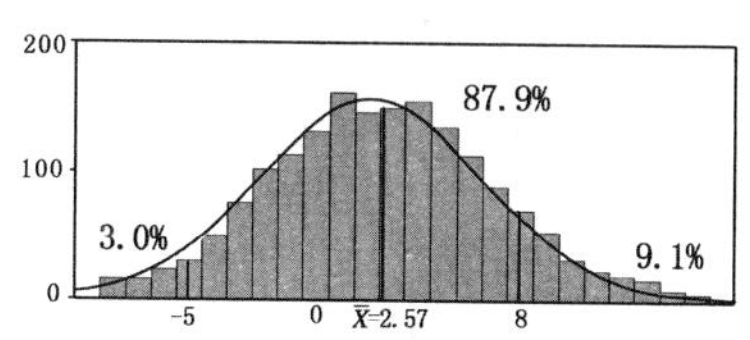

图 10-6　楼板保护层厚度尺寸偏差分布曲线

（2）配筋位置偏差规律的分析

构件中保护层厚度的偏差均偏正方向。梁是因为胀模截面尺寸加大，板则为浇筑振捣时人员踩踏板面钢筋移位所致。保护层厚度的负偏差很小，这是因为近年广泛采用卡轮、垫块、马凳等施工措施，有效防止了底部钢筋的移位，起到控制保护层厚度的效果。

楼板保护层厚度正偏差平均为 +2.57mm，相对比较大，减少了有效高度，影响抗力。近年频繁发生的板面裂缝可能与此有关。今后对楼板负弯钢筋移位这一质量通病，应采取有效措施严加控制。近年施工验收规范在实体检验中加严了对保护层厚度尺寸偏差的控制和验收条件，但统计的不合格率没有增加，合格率仍接近规范的验收要求。这说明通过施工单位的努力，仍是可以达到规范要求的。

6. 构件尺寸偏差控制的建议

根据上述调查统计可以得出构件尺寸偏差的规律和结论，并提出改进的具体建议如下：

（1）现浇混凝土结构的尺寸偏差基本上呈正态分布。

（2）构件尺寸偏差的形成与模板形式、混凝土拌合物质量及浇筑、振捣的施工状态有关。

（3）我国施工验收的允许尺寸偏差大体适当，在现有技术条件下通过努力都能够达到。

(4) 尺寸偏差均系统地偏于正向，与施工中模板变形膨胀以及施工操作干扰的方向有关。

(5) 尺寸负偏差普遍偏小，系因模板受力后胀模变形而不会缩小；近年广泛采取卡轮、垫片、马凳等措施，有效地控制了钢筋保护层位置的负向移位。

(6) 竖向构件受施工干扰较少，尺寸偏差较小，柱的尺寸偏差得到了有效的控制。

(7) 水平构件梁、板尺寸偏差较大，应重点加强模板刚度及板中钢筋定位措施的控制。

(8) 根据统计分析结果以及目前我国的施工条件，尺寸偏差的验收指标可作适当调整：对竖向构件可以稍加严，而对水平构件可以适当放松。

(9) 建议对截面尺寸允许偏差的检验指标作以下调整：柱[-5mm，+5mm]，梁[-5mm，+10mm]。在基本不影响结构受力性能及耐久性的条件下，提高验收的合格率。

10.1.6 现场施工质量的调查

1. 现场施工质量的调查

应该说明的是：在进行预制构件“百厂检查”的同时，还同时进行了对112家建筑公司现场施工质量的“百家检查”。但是由于制定的检验方案缺乏具体定量的检验措施，而多为形式主义的定性主观判断，而且还不切合当时实际而片面追求“高标准、严要求”。检查结果全国只有3个建筑公司合格。

因此，百家检查不仅没有起到促进提高施工质量的效果，反而使绝大多数不合格的一般单位没有压力，也看不到努力改进的方向，同时还保护了真正落后而应该不合格的单位。同时，由于百家检查的检验方案缺乏具体定量的检验，也没有真正对施工质量管理进行系统、全面的调查，检查结果没有形成有效的完整资料，使这次难得的大规模检查的结果无法进行有效的统计分析。因此直到现在，我国对于建筑现场施工质量的实际状态，仍缺乏比较准确的估计和定量的认识。这是非常可惜的事情。

2. 应该总结的经验和教训

对百家建筑公司现场施工质量的检查，虽然未能得到有价值的调查统计结果，但是也并非一无所获。起码可以总结一些经验和教训，以利今后的改进。这样的教训主要有两个方面：

（1）应增强检验的定量-科学性

为控制现场施工质量，应多采取对施工效果定量检测的方式，这样的检查结果真实、客观，科学性比较高。起码可以通过认真的统计、分析，对工艺、技术、操作提出具体，有针对性的改进意见，起到保证施工质量的效果。我国传统施工过分强调对施工操作行为的控制，往往流于形式主义的标语、口号。对于真正控制施工质量，实际并不起多大作用。

例如，在“精心操作，严格检查”要求下对混凝土搅拌时间（s）和浇筑深度（mm）的严格控制，以及混凝土“标准养护”试件强度的控制。其实这些控制并不真正反映结构混凝土的实际强度，而“同条件养护”试件的试验结果却比较接近地反映了结构混凝土的实体强度。因此减少形式主义的空洞要求，加强符合实际效果的检测手段，才这是保证施工质量的关键。

（2）慎重确定合格验收条件

百家检查并未起到促进普遍提高施工质量的效果。极少数合格单位不堪持续参观、学习、取经的困扰，最终未能维持检查时的高水平，使后来的参观学习者大失所望，并没有真正起到榜样带头的示范作用。而由于“法不责众”，绝大多数不合格单位没有感到压力，并未通过检查而做出改进的努力。而那些真正很差的单位，反而混在众多的不合格中而受到保护，依然故我地维持着低劣的施工质量。

这说明，不切合实际的过高要求，对于提高施工水平，控制工程质量没有任何好处，反而会起到保护落后，打击一般单位提高工程质量积极性的消极作用。这对于今后编制、修订标准、规范，是需要特别注意的教训。汲取百厂检查的成功经验，采取在现实条件下中等偏上的质量水平作为合格条件，会具有最好的效果：优秀单位已经达到而继续保持；一般单位通过努力也可以达到；而少数量很差的单位必须大力改进，否则将被淘汰，这样才能起到检验应有的促进作用。

10.2 施工标准规范发展展望

10.2.1 施工质量控制的原则

1. 改进的迫切性

近年，我国的建筑业在结构设计和材料性能方面，由于引用概率可靠度理论，在定量控制方面有了很大的进步。目前已经建立了比较科学合理的设计规范。但是施工质量的控制和检验基本上仍处于定性经验的阶段，抽样方案和检验方法大多仍靠人为判断，验收结果的风险比较大。如何通过标准规范真正落实设计的目标，这是迫切需要解决的问题。

施工质量控制和检验改进总的原则，是从经验的定性检查转变为以概率统计理论指导下实现系统、科学的定量检查-验收方法，实现统一标准要求的风险控制目标。为此，需要组织各方面的力量，坚持长期的调查研究和理论分析，逐步改进和完善我国施工类的标准规范体系。需要进行的工作，主要有以下几个方面。

2. 质量检验指标的合理调整

施工企业对施工质量的控制和有关各方对施工质量的验收，都是基于确定的质量检验指标而进行的。我国检查项目的检验指标很多是由经验估计确定的，带有主观随意的性质。今后，应根据工程需要及技术发展，按以下原则改进。

（1）合理选择检验项目

目前我国施工标准规范中所确定的检验项目，大多是传统习惯延续的结果。随着建筑功能的多样化和技术发展的变化，有必要重新梳理，合理地增加或删减，与时俱进地选择检验项目。例如，传统检验多强调对施工行为的控制和观感的判断，而现实情况则更多地关心结构安全、资源节约、环境保护、耐久使用等问题。这种变化应在施工质量控制和检查验收项目中得到反映。当然应该始终贯彻“少而精”的原则，着眼于选择少量最重要、最关键的项目进行控制和检验，避免再次陷入“普遍强制，全面包干”的覆辙。什么都重要等于没有重要；什么都关键等于没有关键；什么都强制等于没有强制……这种传统做法的教训应该纠正。

（2）检验指标的调整

施工质量控制表现为检验指标，应该以达到设计要求并实现有效的风险控制为目标确定检验指标。为此，应该进行必要调查统计和分析计算，使指标更加科学和合理。例如，混凝土材料的强度由“标号”改为“强度等级”以后，评定验收的指标就有了很大变化。混凝土构件结构性能试验检验的指标因此也作了相应的调整。这种调整以概率可靠度理论为基础，满足了风险不超过5%的要求（保证率95%）。今后其他检验项目的指标，也应该进行类似的分析和计算，使其在调整以后更加科学和合理。当然，随着技术进步和工艺改革，检验指标也应该反映这种变化，与时俱进地进行相应的调整。

（3）合格条件的确定

除检验指标调整以外，作为验收合格的条件也应该重新审视。应作现实的考虑，以满足安全、功能和规避风险为目标，决定合格条件。不一定要将检验指标和合格条件抬得很高。起码不能超越目前我国普遍的装备条件和技术水平。脱离实际的过高要求，不仅起不到提高质量的要求，反而会压制一般企业的积极性，并保护真正应该淘汰的落后企业。形左实右的片面做法，效果只能是适得其反，在这方面我们已经有足够多的反面教训了。

根据工程调查分析和编制标准规范的经验，应该以中等偏上的质量状态作为确定检验指标和合格条件的依据。这样优良企业没有压力，一般企业通过努力也能够达到合格，而比较差的企业则必须付出巨大的努力才能避免被淘汰。事实证明，这种鼓励先进，鞭策一般，淘汰落后的做法，是最佳的合理选择。

（4）施工与验收的关系

施工企业为满足应有性能而进行的“质量控制”，落实为对工程质量的评定，主要由《施工规范》或《企业标准》解决。其所确定的质量目标应该比较高，以减小施工（生产）方面的风险（α 风险）。各方参加的“质量验收”，目的是为保证用户应有起码的安全和使用功能而落实为合格质量的确认，主要由《施工验收规范》解决。为保护用户方面的利益，应避免漏判的风险（β 风险）而造成用户方面的损失。

严格地说，这两个不同的质量目标是应该有所不同的。而在我国，《施工规范》和《施工验收规范》容易发生概念上的混淆。从技术指标而言，前者的要求应该高于后者。在国外，《验收规范》是最低限度的要求，而《企业标准》的指标一般要高得多，这是保证提高施工质量的重要特点。我国今后也应该有相应的变化。

3. 抽样检验方法的优化

（1）定性检查项目的系统化

我国传统一直比较重视施工质量定性项目的检查。例如，在许多检验项目中都有外观质量的要求。而且在施工后期的分部（子分部）工程和单位（子单位）工程验收中，都提出了必须通过观感质量的检查。这一类项目属于定性的检查，由于是对施工“缺陷”的人为观察判断来确定是否符合要求，随意性比较大而且不容易保证客观和公正。

今后，应对定性检验项目进行认真的梳理：保留和强化那些对安全和主要功能有重要影响的主要项目，删除可有可无的一般项目，并避免重复检查而使检验系统化。同时，对于各种"缺陷"，应该作出严格的定义，使检验能够具体化而方便实际操作。对于作为合格标准的检查合格点率，不一定要统一规定为一个数值（例如70%或80%），可以根据其重要性和实际技术条件而适当提高或者降低。

（2）检验项目的定量化检测

近年我国试验技术有了很大的进步，检测装备和技术条件也已大大改善，并有了相应的标准规范（规程）。因此对建筑工程的施工质量项目，已有条件更多地采用定量检测方法。根据实际检测的数据进行验收判断，比较科学和客观。特别是施工中重要项目的见证检测和施工后期的实体检验，由于其公正、公开的特点，具有比较大的说服力，并对保证工程的最终质量起到了重要作用，因此这种检测应该坚持，并适当地扩大应用范围。

（3）统计分析及风险控制

我国施工质量定量检测的项目越来越多，但根据检测结果进行统计分析，并实现风险控制的并不多。真正根据检测数据进行统计分析，并实现验收保证率而有明确风险控制的，只有混凝土强度评定和结构性能试验检验等少数项目才基本实现了上述目的。

既然《统一标准》已经提出了风险控制的要求，定量检测的手段也越来越多。那么通过类似的途径，选择比较科学的抽样检验方法，并通过对检验结果的统计分析，就能够实现有明确概率风险意义的检验结论。这对于提高我国的施工水平，保证工程质量具有重要意义。

（4）检验方案的调整

传统的抽样检验多为一次检查定案，检验的风险比较大。而为减小偶然性影响而增加检验数量又受到检验成本的制约。因此应该提高检验效率，以有限的检验量获得更有把握的检验结论。《统一标准》提出了二次或多次抽样的复式检验方案和调整型的抽样方案，并已在某些项目的检验中成功应用。今后应该推广应用这些抽样检验方案，以提高检验效率。但是应该注意其应用条件，并进行概率统计方面的工作，使其更加科学和合理。

（5）非正常验收的风险控制

《统一标准》的一大进步是提出了“非正常验收”的做法，相当于国外的“让步验收”。这对于施工质量万一达不到要求的情况，给出了现实解决的出路。在很多情况下，通过返工、修复、检测、复核等手段，在检验批的层次上就可以解决问题。对于更严重的问题，也可以通过计算复核、加固处理而得到解决。这种解决方法受到了施工企业的普遍欢迎。

但是，这种“让步”应该有一定的“底线”，即必须保证建筑的安全以及主要使用功能，同时将风险控制在可以接受的范围内。而目前对于这方面的探讨和研究尚非常欠缺，应该增大这方面科研投入的力度。我国基本建设高潮过去以后，随着建筑业发展方向的调整，几百亿平方米工程质量和安全度不足既有建筑维护修复、加固改造的安全和风险控制，将成为未来建筑业发展的重要内容。

10.2.2　施工标准规范发展展望

要提升我国建筑业的水平，提高施工质量，增强市场竞争能力，必须从根本上改变传统以定性、经验为主的施工标准规范体制，建立科学的标准规范体系。今后应该进行的主要工作有以下几个方面：

1. 施工质量现状的调查研究

在对施工质量现状尚缺乏了解的情况下，要实现施工标准规范的改革谈何容易。目前最迫切的任务之一就是对我国建筑施工质量的实际情况有真正确切的了解。这就需要进行更为广泛和全面的调查。这种调查不能再是模糊的定性估计，而必须落实为定量化的数据。只有这样才具有统计分析意义。

在普遍调查统计的基础上，通过进一步的分析，就可以得到施工质量的概率分布模型和相应的统计参数，从而探索影响施工质量的规律，对施工质量的现状有准确、定量的认识。由于近年施工技术、工艺、装备发展变化很快，因此这种调查统计应该经常进行。有了对施工质量状态准确、定量的认识，改进相应的标准规范才有可能。

2. 检验方法的改进

摈弃传统经验性检验而提高检验效率的途径有以下两个方面：

（1）完善检查量测手段

施工质量控制由定性检查向定量验收过渡的重要条件是必须依靠检测手段的进步。近年我国检测技术发展很快，其中许多已落实于相应的标准规范。应该在施工质量控制中尽量利用这个有利条件，完善检查量测手段，提高对施工质量的准确认识。

（2）改进抽样检验方法

我国其他行业的许多产品都有成熟的抽样检验方案，国家技术监督部门还编有相应的各种抽样检验方法的标准供选择使用。由于行业分割及专业知识有限，建筑行业的许多人士对此还不甚了解。以概率统计为基础的抽样检验理论，是数学中的专门分支。对施工质量检验而言，倒不必作深入的了解，只需学会应用就可以了。关键是应根据被检验项目的特点和验收要求，从现成的诸多抽样检验方法中选择合适者加以应用就可以了。当然，最重要的还是必须知道检验项目的概率分布模型及相应的统计参数，才能通过确定抽样检验方法、检验指标、合格条件等措施，达到统一标准要求的风险控制要求。这时，得自调查统计的参数将具有重要的参考价值。

3. 完善施工标准规范体制

我国工程建设标准规范体制正经历改革，施工标准规范的改革应注意以下问题：

（1）坚持强化验收的方向

为克服传统“普遍强制、全面包干”的弊病，适应市场经济条件下对施工质量有效控制的要求，施工标准规范改革实行“验评分离”的方针，其目的是“强化验收”，即通过外部有关各方对工程质量的验收，以市场的力量来保证建筑工程的施工质量。具体落实为项目投标、监理制度、见证检测、实体检验等措施。

但是在强化验收的同时，对于施工企业为达到提高质量、保证安全和功能的方法也必须有足够的重视。在国外，这些问题由《企业标准》解决，但我国的一般建筑企业并不具备这样的能力。为此编制了《施工规范》作为补充，但是其作用和功能已经有了很大的变化。今后，如何加强施工单位的管理、技术、安全、操作、评定等问题，还需要认真考虑。起码在现时条件下，《施工规范》的作用还必须重视并加以强调。

（2）标准规范体系的改进完善

从规范标准修订的需要看，上述工作必须从现在就开始，并在有限的时间内完成。非如此就难以改变我国传统施工质量长期落后的状态。有关部门应组织进行相关的调查、科研探索，也欢迎广大施工、监理、质监、检测及高等学校有志于此的人员，参加这项有意义的工作，为我国施工质量验收的改进做出实际的贡献。

4. 工程试点及推广应用

任何理论研究必须落实于具体的工程应用，“深入”的科研还必须落实于工程应用的“浅出”。上述经优选后的抽样检验方法和实际的检查量测手段，还必须经过工程试点应用加以审核，并认真倾听施工现场人员和有关部门的意见，对其实用性、可操作性、检验效率等加以考核，并不断改进完善。无论具有多么复杂的理论背景，最终施工现场采用的抽样检验方法必须简单易行，方便应用，并能保证风险概率的控制。这对确保我国建筑工程的施工质量具有重要意义。

5. 发展施工类的辅助材料

为消除“普遍强制、技术包干”的弊病，在有关标准规范精简的条件下，从传统标准规范中删节的繁琐内容，可以转化成指南手册、工艺工法、操作规程等辅助性材料加以应用。这一方面解除了对技术创新的束缚，提高了有关单位和人员的积极性。另一方面又为一般单位和人员提供了可以参考的技术依据。但是根据“自愿采用、自负其责”的原则，应用者必须有自己的思考和判断。这对于克服依赖性，提高素质不无好处。

6. 从业人员的教育培训

上述关于施工标准规范改革的所有设想，最终都必须落实于执行的从业人员。我国基本建设标准规范体制的改革正在进行，施工标准规范的改革只是其中配套进行的一部分。因此，对建筑从业人员，尤其是施工人员进行相关的教育就十分重要。应进行必要的系统培训，不仅使有关人员具备标准规范的基本常识，还需要知道标准规范体制改革的方向。本书写作的目的正在于此，但愿能够起到应有的作用。

结束语

自从新修订的《建筑工程施工质量验收统一标准》GB 50300—2013 公布实施以后，作者也曾进行了一些宣讲和培训。中国建筑工业出版社要求对 2003 年版的《建筑工程施工质量验收统一标准理解与应用》进行必要的修改，出版该书的第二版。

经过一年多的努力，这个任务已经完成。到这本书第二版完成以后，发现其篇幅从初版的将近 10 万字增加到目前的 20 万字。实际上已经不是简单的修改，而几乎是重新撰写了。这是由于以下的客观原因：

（1）我国市场经济在建筑施工范围中有了很大的发展，投标竞争、工程承包、项目管理、施工监理、检测验收等市场经济的做法已经普遍执行，并逐渐成熟；

（2）施工类标准规范体制改革取得进展，验评分离、强化验收的措施得到落实，所有专业的施工都实现了严格的验收程序，见证检测、实体检验等方法也得以推广应用；

（3）与《施工验收规范》相辅相成的各专业《施工规范》已经陆续编制完成，这对于更加彻底实现施工类标准规范的改革，发挥《统一标准》的指导作用提供了条件；

（4）近年我国建筑工程试验-检测技术迅速发展，并已形成标准规范，这对于为强化验收，科学、客观、公正地进行施工质量验收，保证工程质量起到了重要的保障作用；

（5）在对工程质量抽样检验进行深入研究的基础上，以概率统计理论指导，引入比较科学的检验方法，并在《统一标准》中得到反映，可以更有效地控制检验的风险；

（6）在《统一标准》指导下编制的施工类系统标准规范体系，经过 10 年以上的工程实践，形成了丰富的积累，无论是成功的经验还是不足的缺陷，都大大丰富了本书的内容；

……

本书撰写时努力反映上述变化，并希望读者在阅读时重点关注这些问题，从更深层次上理解和掌握施工标准规范的实质。

事实上，我国的建筑施工已经达到了很高的程度。本书开头图 1-2 中列举巨大、复杂的工程建设，足以证明我国施工技术、装备、管理的水平已属世界一流。唯一感到不足的是我国标准规范体制改革的停滞状态。目前带有行政强制性质自我限制型的施工标准规范，仍束缚着我国企业和从业人员创造性和积极性的发挥，造成了对标准规范普遍机械、僵化执行的状态。

但愿改革的进程能够加速改变这种情况，促进我国建筑企业水平和从业人员素质的提高。有条件的企业应该编制反映本身优势的具有知识产权性质的《企业标准》，使我国的建筑业能够积极参与国际建筑市场的竞争，取得我们应有的份额。这才是我国建筑业发展的方向，但愿这个目标能够尽早实现。

以上是个人的一些不成熟看法，可能有失于偏颇。不足之处敬请批评指正，作者将不胜感激，并希望能够开展争鸣讨论，促进标准规范的改革和进步。

徐有邻　2015 年 3 月

参考文献

［1］建筑工程施工质量验收统一标准 GB 50300—2001. 中国建筑工业出版社，2001.

［2］混凝土结构工程施工质量验收规范 GB 50204—2002. 中国建筑工业出版社，2002.

［3］程志军，张元勃，徐有邻．混凝土结构工程施工质量验收规范学习辅导材料，2002.

［4］程志军，徐有邻．混凝土结构工程施工质量验收体系．工程质量，2003 年第 9 期．

［5］徐有邻，程志军．混凝土结构工程的实体检验．工程质量，2003 年第 10 期．

［6］程志军，徐有邻．混凝土结构工程施工质量的非正常验收．工程质量，2003 年第 11 期．

［7］徐有邻，程志军．建筑工程施工质量验收统一标准理解与应用．中国建筑工业出版社，2003.

［8］程志军，韩素芳，刘刚，徐有邻．混凝土结构实体强度应用问题讨论．混凝土，2005 年第 3 期．

［9］徐有邻，刘刚，程志军，王晓锋．混凝土结构实体中钢筋保护层厚度的检验．施工技术，2005 年第 4 期．

［10］徐有邻，程志军．混凝土结构工程施工质量验收规范应用指南．中国建筑工业出版社，2006.

［11］徐有邻．工程建设标准规范体系改革（叶列平 主编．土木工程科学前沿，第 5 章）．清华大学出版社，2006.

［12］刘柯，王有宗，刘刚，徐有邻．现浇混凝土结构尺寸偏差的调查统计分析．施工技术，2008 年第 1 期．

［13］工程结构可靠性设计统一标准 GB 50153—2008. 中国建筑工业出版社，2009.

［14］混凝土结构施工规范 GB 50666—2011. 中国建筑工业出版社，2012.

［15］建筑工程施工质量验收统一标准 GB 50300—2013. 中国建筑工业出版

社，2014.
[16] 混凝土结构施工质量验收规范 GB 50204—2015. 中国建筑工业出版社，2015.
[17] 徐有邻. 标准体制改革及强制性条文的理解与应用. 清华大学出版社，2015.